“十二五”职业教育国家规划教材配套教学用书

经全国职业教育教材审定委员会审定

复旦卓越·数学系列

实用数学练习册（工程类）

张圣勤　孙福兴　王　星　叶迎春／编

复旦大学出版社

内容提要

本书为复旦大学出版社出版的《实用数学》（工程类）的配套练习册.《实用数学》（工程类）一书共8章，分别介绍了函数与极限、导数与微分、导数的应用、定积分与不定积分及其应用、线性代数初步、微分方程、拉普拉斯变换、无穷级数，以及相关数学实验、数学建模、数学文化等内容.

本书可作为高职高专或者普通本科院校的高等数学课程配套教学用书.

目　录

第1章

函数与极限

班级＿＿＿＿＿＿ 学号＿＿＿＿＿＿ 姓名＿＿＿＿＿＿ 评分＿＿＿＿＿＿

习题 1-1　函数——变量相依关系的数学模型

1. 求下列函数的定义域：

(1) $y=\dfrac{1}{x^2+5x+6}$;

(2) $y=\sqrt{4-x^2}+\dfrac{1}{\sqrt{x+1}}$;

(3) $y=\sqrt{|x|-1}$;

(4) $y=\lg\sin x$;

(5) $y=\lg\dfrac{1+x}{1-x}$;

(6) $y=\dfrac{x}{\tan x}$.

2. 设 $f(x)=1+x^2,\varphi(x)=\sin\dfrac{x}{3}$,求 $f(0),f\left(\dfrac{1}{a}\right),f(t^2-1),f[\varphi(x)],\varphi[f(x)]$.

3. 设 $f(x)=\begin{cases}0, & x<0,\\ 2x, & 0\leqslant x<\dfrac{1}{2},\\ 2(1-x), & \dfrac{1}{2}\leqslant x<1,\\ 0, & x\geqslant 1,\end{cases}$ 作出它的图像,并求 $f\left(-\dfrac{1}{2}\right),f\left(\dfrac{1}{3}\right),f\left(\dfrac{3}{4}\right)$, $f(2)$ 的值.

4. 将下列各题中的 y 表示为 x 的函数,并写出它们的定义域:

(1) $y=\sqrt{u}$, $u=x^3-1$;

(2) $y=\arcsin u$, $u=\sqrt{x}$;

(3) $y=\lg u$, $u=2^v$, $v=\cos x$;

(4) $y=\mathrm{e}^u$, $u=v^2$, $v=\tan x$.

5. 指出下列各复合函数的复合过程.

(1) $y=(1+x)^3$;

(2) $y=\ln\sin x$;

(3) $y=\arccos\sqrt{1+x}$;

(4) $y=\sin^2(2x-1)$.

6. 由弹簧受力伸长实验可知,在弹性限度内,伸长量和受力大小成正比.现在已知一弹性系数为 p 的弹簧在受力 9.8N 时,伸长 0.02m,求弹簧的伸长量和受力之间的函数关系.

7. 某市乘坐出租车的起步价为 12.5 元,超过 3km 时,超出部分每千米(不足 1km 按 1km 计算)需付费 2.5 元.试求付费金额 y(元) 与乘车距离 x(km) 之间的函数关系,并作出这个函数的图像.

8. 某产品的销售量 x 不超过 500 吨时,每吨售价为 300 元,销售量 x 超过部分每吨售价为 280 元,试将销售收入 R 表示为销售量 x 的函数.

班级__________ 学号__________ 姓名__________ 评分__________

习题 1-2　函数的极限——函数变化趋势的数学模型

1. 观察下列数列当 $n \to \infty$ 时的变化趋势，写出它们的极限：

(1) $x_n = \frac{1}{n} + 4$；

(2) $x_n = (-1)^n \frac{1}{n}$；

(3) $x_n = \frac{n}{3n+1}$；

(4) $x_n = \frac{n-1}{n+1}$；

(5) $x_n = n \cdot (-1)^n$；

(6) $x_n = \sin n\pi$.

2. 观察并写出下列极限值：

(1) $\lim\limits_{x \to 3}\left(\frac{1}{3}x + 1\right)$；

(2) $\lim\limits_{x \to -\infty} 2^x$；

(3) $\lim\limits_{x \to \infty}\left(2 + \frac{1}{x}\right)$；

(4) $\lim\limits_{x \to 1} \frac{x^2 - 1}{x - 1}$；

(5) $\lim\limits_{x \to 1} \ln x$；

(6) $\lim\limits_{x \to \frac{\pi}{2}} \sin x$.

3. 讨论函数 $f(x)=\dfrac{x}{x}$ 当 $x\to 0$ 时的极限.

4. 设函数 $f(x)=\begin{cases} x-1, & x<0, \\ 0, & x=0, \\ x+1, & x>0, \end{cases}$ 画出它的图像. 求当 $x\to 0$ 时,函数的左、右极限,并判别当 $x\to 0$ 时函数的极限是否存在.

5. 证明函数 $f(x)=\begin{cases} -1, & x<-1, \\ x^2, & -1\leqslant x\leqslant 1, \\ 1, & x>1, \end{cases}$ 在 $x\to -1$ 时极限不存在.

班级＿＿＿＿＿＿ 学号＿＿＿＿＿＿ 姓名＿＿＿＿＿＿ 评分＿＿＿＿＿＿

习题 1-3 极限的运算

1. 求下列函数的极限：

(1) $\lim\limits_{x\to 0}\left(\dfrac{x^2-3x+1}{x+4}+3\right)$；

(2) $\lim\limits_{h\to 0}\dfrac{(x+h)^2-x^2}{h}$；

(3) $\lim\limits_{x\to 4}\dfrac{x^2-6x+8}{x^2-5x+4}$；

(4) $\lim\limits_{x\to +\infty}\dfrac{\sqrt{3x^2+1}}{x-9}$；

(5) $\lim\limits_{x\to +\infty}(\sqrt{x^2+x}-\sqrt{x^2+1})$；

(6) $\lim\limits_{x\to \infty}\left(\dfrac{x^3}{2x^2-1}-\dfrac{x^2}{2x+1}\right)$.

2. 求下列函数的极限：

(1) $\lim\limits_{x\to 0}\dfrac{\sin 3x}{3x^2-5x}$；

(2) $\lim\limits_{x\to 0}\dfrac{1-\cos 2x}{x\sin x}$；

(3) $\lim\limits_{x\to 0}\dfrac{\arcsin x}{x}$(令 $\arcsin x = t$)；

(4) $\lim\limits_{x\to +\infty}\left(x\cdot\sin\dfrac{1}{x}\right)$；

(5) $\lim\limits_{x\to\infty}\left(1-\dfrac{3}{4x}\right)^x$；

(6) $\lim\limits_{x\to 0}(1+2x)^{\frac{4}{x}}$.

班级____________ 学号____________ 姓名____________ 评分____________

习题 1-4 无穷小及其比较

1. 当 $n \to \infty$ 时，以下各数列中哪些是无穷小？哪些是无穷大？

(1) $x_n = \frac{1}{2n}$；

(2) $x_n = -n$；

(3) $x_n = \frac{n+(-1)^n}{2}$；

(4) $x_n = \frac{2}{n^2+1}$.

2. 下列函数在自变量怎样变化时是无穷小？怎样变化时是无穷大？

(1) $y = \frac{1}{2}x^2 - x$；

(2) $y = \frac{x+1}{x-1}$；

(3) $y = \tan x$；

(4) $y = \ln x$.

3. 求下列函数的极限：

(1) $\lim\limits_{x\to\infty} \frac{1}{x^3+x^2}$；

(2) $\lim\limits_{x\to\infty} \frac{\sin x}{x^2}$；

(3) $\lim\limits_{x\to 0} x\cos\frac{1}{x}$；

(4) $\lim\limits_{x\to -\infty} \mathrm{e}^x \cos x$.

4. 当 $x \to \infty$时,下列函数均有极限,用极限与无穷小之和将它们表示出来:

(1) $f(x)=\dfrac{x^3}{x^3-1}$; (2) $f(x)=\dfrac{1-x^2}{1+x^2}$.

5. 证明:当 $x \to 0$ 时,$2x-x^2$ 是比 x^2-x^3 较低阶的无穷小.

6. 已知:当 $x \to 0$ 时,ax^3 与 $\tan x-\sin x$ 为等价无穷小,求 a 的值.

班级____________ 学号____________ 姓名____________ 评分____________

习题 1-5 函数的连续性——函数连续变化的数学模型

1. 已知函数 $y=3x^2+1$,求适合下列条件的函数的改变量:

(1) 当 x 由 1 变到 1.1 时; (2) 当 x 由 1 变到 0.8 时;

(3) 当 x 在有任意改变量 Δx 时.

2. 证明函数 $y=3x^2+1$ 在 $x=1$ 连续.

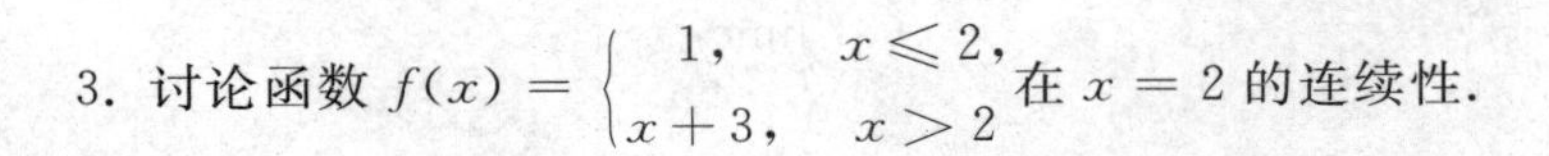

3. 讨论函数 $f(x)=\begin{cases}1, & x\leqslant 2,\\ x+3, & x>2\end{cases}$ 在 $x=2$ 的连续性.

4. 讨论函数 $f(x)=\begin{cases}2x-1, & 0<x\leqslant 1,\\ 2-x, & 1<x\leqslant 3\end{cases}$ 的连续区间,并求 $\lim\limits_{x\to\frac{1}{2}}f(x)$, $\lim\limits_{x\to 1}f(x)$, $\lim\limits_{x\to 2}f(x)$.

5. 求下列函数的间断点,并判断间断点的类型:

(1) $y=\dfrac{1}{x-2}$;

(2) $y=\dfrac{x^2-4}{x^2+5x+6}$;

(3) $y=\begin{cases}x^2+2, & x<0,\\ 2e^x, & 0\leqslant x<1,\\ 4, & x\geqslant 1;\end{cases}$

(4) $y=\begin{cases}3+x^2, & x<0,\\ \dfrac{\sin 3x}{x}, & x>0.\end{cases}$

6. 求下列极限:

(1) $\lim\limits_{x\to 0}\sqrt{x+4}$;

(2) $\lim\limits_{x\to -2}\dfrac{e^x-1}{x}$;

(3) $\lim\limits_{x\to \frac{\pi}{4}}\dfrac{\cos(\pi-x)}{\sin 2x}$;

(4) $\lim\limits_{x\to \frac{\pi}{4}}\dfrac{\cos 2x}{\cos x-\sin x}$;

(5) $\lim\limits_{x\to 0}\dfrac{x}{\sqrt{x+4}-2}$;

(6) $\lim\limits_{h\to 0}\dfrac{\sqrt{x+h}-\sqrt{x}}{h}$;

(7) $\lim\limits_{x\to 0}\dfrac{\ln(1+x)}{x}$;

(8) $\lim\limits_{n\to \infty}e^{\frac{1}{n}}$;

(9) $\lim\limits_{x\to 0}\ln\dfrac{\sqrt{1+x}-1}{\sin x}$;

(10) $\lim\limits_{x\to 0}\dfrac{e^x-1}{x}$.

7. 证明方程 $x^3-2x-1=0$ 至少有一个实根介于 1 和 2 之间.

第2章

导数与微分

班级____________ 学号____________ 姓名____________ 评分____________

习题 2-1 导数的概念——变量变化速率的数学模型

1. 设曲线方程为 $y = f(x)$，在曲线上取两点 $P(3, f(3))$ 和 $Q(x, f(x))$.

(1) 求割线 PQ 的斜率；(2) 写出曲线在点 P 处的切线斜率.

2. 设一物体的位移函数为 $s = f(t)$.

(1) 求物体在 $t = a$ 到 $t = a + h$ 时间段内的平均速度；(2) 写出物体在 $t = a$ 时的瞬时速度.

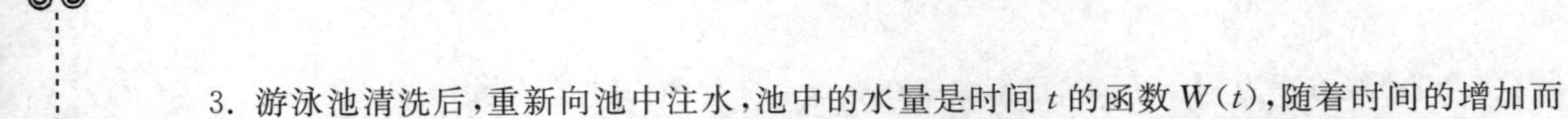

3. 游泳池清洗后，重新向池中注水，池中的水量是时间 t 的函数 $W(t)$，随着时间的增加而增加. 请列式表示时刻 t 时的注水速度.(注水速度就是水量 $W(t)$ 相对于时间 t 的变化率.)

4. 根据定义计算下列导数：

(1) $f(x) = 3x + 2$，求 $f'(1)$； (2) $f(x) = \sqrt{x-1}$，求 $f'(4)$.

5. 设 $f'(x_0)=3$,利用导数的定义计算下列极限:

(1) $\lim\limits_{h\to 0}\dfrac{f(x_0+2h)-f(x_0)}{h}$; (2) $\lim\limits_{h\to 0}\dfrac{f(x_0)-f(x_0-h)}{h}$.

6. 设曲线方程为 $f(x)=x^3$,且已知 $f'(-1)=3$,请写出曲线在点 $x=-1$ 处的切线方程及法线方程.

7. 设曲线方程为 $y=f(x)$,且已知 $f(2)=7$, $f'(2)=\infty$,请写出曲线在点 $x=2$ 处的切线方程及法线方程.

8. 设曲线方程为 $y=f(x)$,已知曲线在点 $x=2$ 处的切线方程为 $y=2$.

(1) 请问曲线在点 $x=2$ 处可导吗?若可导,那么 $f'(2)$ 等于多少?(2) 写出曲线在点 $x=2$ 处的法线方程.

9. 设函数 $f(x)=\begin{cases}x, & 0\leqslant x<1,\\ 2x-1, & 1\leqslant x<+\infty,\end{cases}$ 讨论 $f(x)$ 在 $x=1$ 处的连续性与可导性.

班级____________ 学号____________ 姓名____________ 评分____________

习题 2-2 导数的运算(一)

1. 用两种方法计算函数 $y=\dfrac{1+x}{\sqrt{x}}$ 的导数：

方法 1(直接用商法则)

方法 2(先化简再求导)

2. 计算下列函数的导数：

(1) $y=5x^2-3x+\ln 3$；

(2) $y=x^3\ln x$；

(3) $y=x\ln x\cos x+\cot\dfrac{\pi}{4}$；

(4) $y=e^{\sin x}$；

(5) $y=(4x^3+2x)^{10}$；

(6) $y=\dfrac{1}{1-x^2}$；(提示：本题可以不用商法则.)

(7) $y=\tan(x^2+1)$;　　　　(8) $y=\ln(x^2(2x-1))$;

(9) $y=e^x\sin(x^2-1)$;　　　　*(10) $y=\ln(\sqrt{1+x^2}-x)$.

3. 利用反函数求导法,验证$(\arcsin x)'=\dfrac{1}{\sqrt{1-x^2}}$.

4. 上抛运动的位移函数$s(t)=(1-t^2)(1+t)$, $t\in[0,1]$(位移的单位为米(m),时间的单位为秒(s)).求:(1) $t=\dfrac{1}{4}$s及$t=\dfrac{1}{2}$s的瞬时速度$v\left(\dfrac{1}{4}\right)$, $v\left(\dfrac{1}{2}\right)$;(2) 质点何时达到最高点.

*5. 一个质点的运动曲线为$y=\sqrt{1+x^3}$,当质点到达点(2, 3)时,纵坐标y以4 cm/s的速率增加,求在这一瞬间这一点横坐标x的变化速率.(提示:利用链式法则求解.)

班级____________ 学号____________ 姓名____________ 评分____________

习题 2-3 导数的运算(二)

1. 质点作变速直线运动，其位移函数为 $s(t) = t + \frac{1}{t}$，求其速度函数 $v(t)$ 和加速度函数 $a(t)$.

2. 计算下列二阶导数：

(1) 设 $f(x) = x^2 \ln x - x$，计算 $f''(x)$；

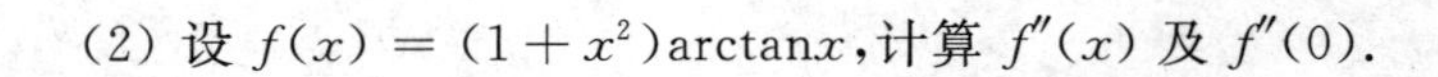

(2) 设 $f(x) = (1 + x^2)\arctan x$，计算 $f''(x)$ 及 $f''(0)$.

3. 求下列方程所确定的隐函数 y 对 x 的导数：

(1) $y = 1 + xe^y$；

(2) $y^3+y^2+y+x^2-x=0$.

4. 设曲线是笛卡儿叶形线 $y^3+x^3=6xy$.
(1) 求 y';(2) 求曲线在点(3, 3)处的切线方程和法线方程.

5. 求下列参数方程所确定的导数$\frac{\mathrm{d}y}{\mathrm{d}x}$:

(1) $\begin{cases} x=2t, \\ y=4t-5t^2; \end{cases}$ (2) $\begin{cases} x=\ln\cos t, \\ y=\sin t-t\cos t. \end{cases}$

*6. 设由参数方程$\begin{cases} x=t-\arctan t \\ y=\ln(1+t^2) \end{cases}$,确定 y 是 x 的函数,求导数$\frac{\mathrm{d}y}{\mathrm{d}x}$, $\frac{\mathrm{d}^2y}{\mathrm{d}x^2}$.

班级________ 学号________ 姓名________ 评分________

习题 2-4(1) 微分 —— 函数变化幅度的数学模型(一)

1. 已知 $y = x^3 - 1$，在点 $x = 2$ 处分别计算当 $\Delta x = 1$ 和 $\Delta x = 0.1$ 时的 Δy 及 $\mathrm{d}y$ 值.

2. 利用一阶微分形式的不变性填空：

(1) $\mathrm{d}(\sin(3x+2)) = (\quad\quad)\mathrm{d}(3x+2) = (\quad\quad)\mathrm{d}x$；

(2) $\mathrm{d}((5x^2+2)^6) = (\quad\quad)\mathrm{d}(5x^2+2) = (\quad\quad)\mathrm{d}x$；

(3) $\mathrm{d}(\quad\quad) = \mathrm{e}^{2x}\mathrm{d}(2x) = (\quad\quad)\mathrm{d}x$；

(4) $\mathrm{d}(\ln(3x^2+7)) = (\quad\quad)\mathrm{d}(\quad\quad) = (\quad\quad)\mathrm{d}x$.

3. 求下列函数的微分 $\mathrm{d}y$.

(1) $y = \mathrm{e}^{-2x}\cos 3x$；

(2) $y = \dfrac{x^2+1}{x+1}$.

4. 求下列函数在点 $x = 1$ 的微分：

(1) $y = x^2\mathrm{e}^x$；

(2) $y = x^2 + \ln(x)$.

5. 在下列各图中画出了曲线 $y=f(x)$ 及其在点 x_0 处的切线，请在图中标出 $\mathrm{d}y$ 和 Δy，并判断其正负.

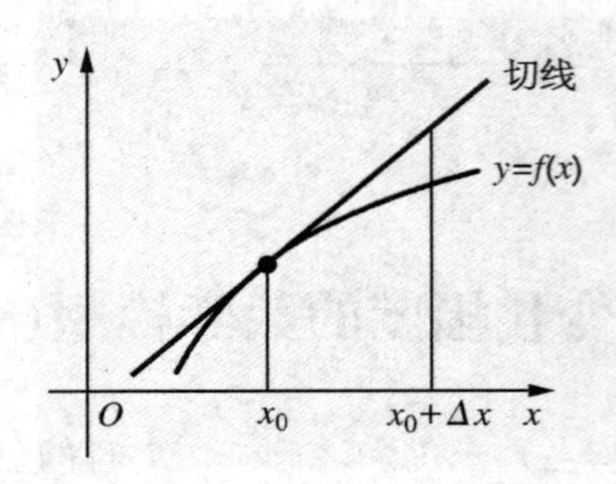

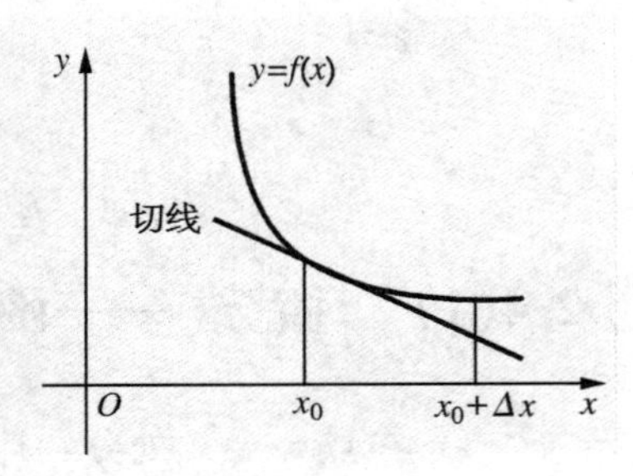

6. 如果半径为 4m 的气球充气后均匀膨胀，仍然保持圆球形，只是半径增加了 10cm，问气球的体积大约增加了多少?(提示:利用微分求解.)

7. 扩音器插头为圆柱形，其横截面半径 $r=0.15\mathrm{cm}$，长度 $h=4\mathrm{cm}$. 为了提高其导电性，需要在这个圆柱的侧面镀上一层厚为 0.001cm 的铜，问约需要多少克铜?(铜的密度为 $8.9\mathrm{g/cm^3}$.)

班级____________ 学号____________ 姓名____________ 评分____________

习题 2-4(2) 微分 —— 函数变化幅度的数学模型(二)

1. 设函数 $f(x)=\sqrt[3]{1+3x}$.

(1) 写出 $f(x)$ 在 $x_0=0$ 处的线性逼近公式;

(2) 利用线性逼近近似计算 $\sqrt[3]{1.03}$.

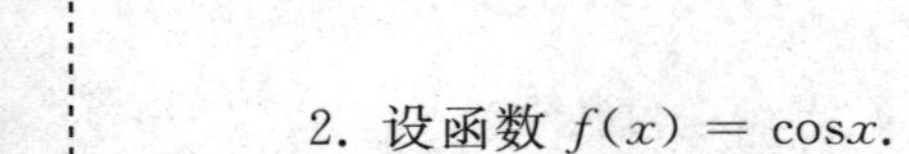

2. 设函数 $f(x)=\cos x$.

(1) 写出 $f(x)$ 在 $x_0=0$ 处的二阶泰勒多项式逼近公式及其误差项 $R_n(x)$;

(2) 利用二阶泰勒多项式近似计算 $\cos 0.5$.

3. 利用线性近似解释为什么下列近似是合理的：

(1) $(1.01)^6 \approx 1.06$；　　(2) $\sqrt{1.01} \approx 1.005$.

4. 证明方程 $x^4 + x - 4 = 0$ 的一个正根一定落在区间(1，2)中.

5. 用二分法求方程 $x^2 - 2x - 1 = 0$ 的一个正根(精确到小数点后一位数字).

6. 用切线法求方程 $x^2 - 2x - 1 = 0$ 的一个正根(精确到小数点后三位数字).

*7. 抛物线 $y = ax^2 + bx + c$ 在哪一点处的曲率最大?此时的曲率半径是多少?

第3章

导数的应用

班级____________ 学号____________ 姓名____________ 评分____________

习题 3-1 函数的单调性与极值

1. 判定 $f(x) = \arctan x - x$ 的单调性.

2. 求下列函数的单调区间：

(1) $f(x) = 2x^3 - 6x^2 - 18x - 7$；

(2) $f(x) = (x-1)(x+1)^3$；

(3) $f(x) = \dfrac{x^2}{1+x}$.

3. 求下列函数的极值：

(1) $f(x) = x^3 - 6x^2 + 9x$；

(2) $f(x) = 2 - (x-1)^{\frac{2}{3}}$；

(3) $f(x) = x - \ln(1+x)$.

4. 求下列函数的单调区间与极值：

(1) $f(x) = x - \frac{3}{2}\sqrt[3]{x^2}$；

(2) $f(x) = (x-2)\sqrt[3]{(x+1)^2}$.

班级__________ 学号__________ 姓名__________ 评分__________

习题 3-2 函数的最值 —— 函数最优化的数学模型

1. 求下列函数在给定闭区间上的最大值和最小值：

(1) $f(x)=2x^3+3x^2-12x+1$, $[-3, 4]$；

(2) $f(x)=3-x-\frac{4}{(x+2)^2}$, $[-1, 2]$.

2. 将数 8 分成两个数之和，使其平方之和为最小.

3. 要制作一个底面积为长方形的带盖的箱子,底边长成 1∶2 关系,体积为 72 立方单位,向各边长为多少时,才能使表面积所用材料最省?

4. 防空网的截面是由上部的圆形和下部的长方形组合而成. 如果边界长为 15m,求底宽为多少时,才能使截面积最大.

5. 甲船以每小时 20 海里(20 n mile/h) 的速度向东行驶,同一时间乙船在甲船正北 82 海里(82 n mile) 处以每小时 16 海里(16 n mile) 速度向南行驶,问经过多少时间后两船距离最近?

班级__________ 学号__________ 姓名__________ 评分__________

习题 3-3 一元函数图形的描绘

1. 求下列函数图形的凹凸区间及拐点：

(1) $f(x)=x^3(1-x)$；

(2) $f(x)=2+(x-4)^{\frac{1}{3}}$.

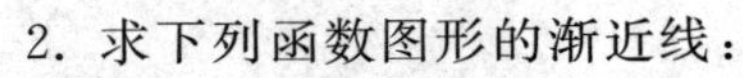

2. 求下列函数图形的渐近线：

(1) $f(x)=\dfrac{1}{x^2}$；

(2) $f(x)=\dfrac{x}{x-1}$.

3. 作出下列函数的图形：

(1) $f(x)=x^3-x^2-x+1$；

(2) $f(x)=\dfrac{x}{1+x^2}$.

班级__________ 学号__________ 姓名__________ 评分__________

习题 3-4　罗必达法则——未定式计算的一般方法

1. 用罗必达法则计算下列极限：

(1) $\lim\limits_{x\to 0}\dfrac{\mathrm{e}^x-\cos x}{\sin x}$；

(2) $\lim\limits_{x\to \pi}\dfrac{\sin 3x}{\tan 5x}$；

(3) $\lim\limits_{x\to 0}\dfrac{\mathrm{e}^x+\mathrm{e}^{-x}-2}{1-\cos x}$；

(4) $\lim\limits_{x\to 0}\dfrac{x(\mathrm{e}^x+1)-2(\mathrm{e}^x-1)}{x^3}$；

(5) $\lim\limits_{x\to \frac{\pi}{2}}\dfrac{\ln\sin x}{(\pi-2x)^2}$.

2. 用罗必达法则计算下列极限:

(1) $\lim\limits_{x \to 0^+} \frac{\ln\cot x}{\ln x}$;

(2) $\lim\limits_{x \to +\infty} \frac{\ln x}{\sqrt{x}}$;

(3) $\lim\limits_{x \to 0^+}(\sin x \cdot \ln x)$;

(4) $\lim\limits_{x \to 1}\left(\frac{1}{\ln x} - \frac{1}{x-1}\right)$;

(5) $\lim\limits_{x \to 0}(1 + \sin x)^{\frac{1}{x}}$.

第4章

定积分与不定积分及其应用

班级__________ 学号__________ 姓名__________ 评分__________

习题 4-2 微积分基本公式

1. 求下列变上限积分函数的导数：

(1) $\phi(x)=\int_0^x t^3\cos 3t\mathrm{d}t$；

(2) $\phi(x)=\int_0^{x^3} \mathrm{e}^t\cos 2t\mathrm{d}t$；

(3) $\phi(x)=\int_0^{x^2}\sqrt{1+t^2}\mathrm{d}t$；

(4) $\phi(x)=\int_0^{\sin x}\cos 2t\mathrm{d}t$.

2. 求下列定积分：

(1) $\int_2^3\left(\sqrt{x}+\frac{1}{\sqrt{x}}\right)\mathrm{d}x$；

(2) $\int_{-\frac{\pi}{2}}^{\frac{\pi}{2}}\cos^2 t\mathrm{d}t$；

(3) $\int_{-1}^0\frac{3x^4+3x^2+1}{x^2+1}\mathrm{d}x$；

(4) $\int_0^{\frac{\pi}{2}}\frac{\cos 2x}{\cos x+\sin x}\mathrm{d}x$；

(5) $\int_{\frac{\pi}{6}}^{\frac{\pi}{3}} \frac{1}{\sin^2 x\cos^2 x}\mathrm{d}x$；

(6) $\int_{0}^{\pi} |\sin x|\mathrm{d}x$；

(7) $\int_{\frac{\pi}{6}}^{\frac{\pi}{3}} \frac{\sec x}{\sec^2 x-1}\mathrm{d}x$；

(8) 设 $f(x)=\begin{cases} x^2, & -1\leqslant x\leqslant 0, \\ x-1, & 0\leqslant x\leqslant 1, \end{cases}$ 求 $\int_{-\frac{1}{2}}^{\frac{1}{2}} f(x)\mathrm{d}x$.

3. 一物体由静止出发沿直线运动，速度为 $v=3t^2$，其中 v 以 m/s 单位，求物体在 1s 到 2s 之间走过的路程.

班级＿＿＿＿＿＿ 学号＿＿＿＿＿＿ 姓名＿＿＿＿＿＿ 评分＿＿＿＿＿＿

习题 4-3　不定积分与积分计算(一)

1. 填空题：

(1) $(\quad)' = 5$，$\int 5\mathrm{d}x = (\quad)$；

(2) $(\quad)' = 3x^2$，$\int 3x^2\mathrm{d}x = (\quad)$；

(3) $(\quad)' = \cos x$，$\int \cos x\mathrm{d}x = (\quad)$；

(4) 设 $f(x) = \dfrac{\cos x}{x^2}$，则$\left[\int f(x)\mathrm{d}x\right]' =$ ＿＿＿＿＿；

(5) $\int f(x)\mathrm{d}x = 2\mathrm{e}^{2x} + C$，则 $f(x) =$ ＿＿＿＿＿.

2. 计算下列不定积分：

(1) $\int \dfrac{3}{x^4}\mathrm{d}x$；

(2) $\int x^3(2\sqrt{x} - 5x)\mathrm{d}x$；

(3) $\int x(x-2)^2\mathrm{d}x$；

(4) $\int \dfrac{1-2x+3x^3}{x}\mathrm{d}x$；

(5) $\int \frac{x^2-1}{x+1}\mathrm{d}x$；

(6) $\int \frac{3^x-2^x}{5^x}\mathrm{d}x$；

(7) $\int \frac{1}{x^2(1+x^2)}\mathrm{d}x$；

(8) $\int \frac{\cos^2 x-\sin^2 x}{\cos x+\sin x}\mathrm{d}x$.

3. 求下列不定积分：

(1) $\int \frac{\mathrm{d}x}{(2x+7)^9}$；

(2) $\int \sqrt{1-x}\,\mathrm{d}x$；

(3) $\int \frac{\mathrm{d}x}{2-3x}$；

(4) $\int 3^{2x-5}\mathrm{d}x$；

(5) $\int \frac{x}{\sqrt{1-x}}\mathrm{d}x$；

(6) $\int \frac{\mathrm{d}x}{\sqrt{2x-1}+1}$；

(7) $\int x\ln x\mathrm{d}x$；

(8) $\int x^2\cos x\mathrm{d}x$；

(9) $\int x^2\mathrm{e}^x\mathrm{d}x$；

(10) $\int \arctan x\mathrm{d}x$.

班级__________ 学号__________ 姓名__________ 评分__________

习题 4-4 积分计算(二) 与广义积分

1. 计算下列定积分：

(1) $\int_0^4 \sqrt{x}\,\mathrm{d}x$；

(2) $\int_0^1 \frac{1}{1+x^2}\mathrm{d}x$；

(3) $\int_0^2 (3x^2-x+2)\mathrm{d}x$；

(4) $\int_{-1}^1 (x+\ln 3)\mathrm{d}x$；

(5) $\int_1^3 \left(\frac{1}{x^3}-\frac{1}{x}\right)\mathrm{d}x$；

(6) $\int_9^{16} \frac{x+1}{\sqrt{x}}\mathrm{d}x$；

(7) $\int_0^1 \frac{x^2-1}{x^2+1}\mathrm{d}x$；

(8) $\int_{-3}^3 |x+1|\,\mathrm{d}x$.

2. 求下列定积分：

(1) $\int_1^{e^2} \frac{1}{x\sqrt{1+\ln x}}\mathrm{d}x$；

(2) $\int_{-\frac{\pi}{2}}^{\frac{\pi}{2}} \cos x\cos 2x\,\mathrm{d}x$；

(3) $\int_0^{\frac{\pi}{2}} \sin^3 x \mathrm{d}x$;

(4) $\int_0^{\frac{\pi}{2}} \sin^3 x \cos^2 x \mathrm{d}x$;

(5) $\int_0^1 \frac{1}{\sqrt{4-x^2}} \mathrm{d}x$;

(6) $\int_0^3 \frac{x}{\sqrt{1+x}} \mathrm{d}x$;

(7) $\int_0^1 \frac{\mathrm{e}^x}{1+\mathrm{e}^x} \mathrm{d}x$;

(8) $\int_{-\frac{\pi}{2}}^{\frac{\pi}{2}} \sqrt{\cos x - \cos^3 x} \mathrm{d}x$;

(9) $\int_0^1 \arcsin x \mathrm{d}x$;

(10) $\int_0^{\pi} x \sin x \mathrm{d}x$;

(11) $\int_0^1 t^2 \mathrm{e}^t \mathrm{d}t$;

(12) $\int_1^{\mathrm{e}} x \ln x \mathrm{d}x$;

(13) $\int_0^{\frac{\pi}{2}} \mathrm{e}^x \sin x \mathrm{d}x$;

(14) $\int_0^{\frac{\pi}{2}} x^2 \sin x \mathrm{d}x$.

班级____________ 学号____________ 姓名____________ 评分____________

习题 4-5 定积分的应用

1. 求下列各题中平面图形的面积：

(1) $y=\sqrt{x}$，$x=1$，$x=4$，$y=0$；

(2) $y=\sin x(0\leqslant x\leqslant\pi)$ 与 x 轴；

(3) $y=x^2$，$y=2x+3$；

(4) $y=x$，$y=2x$，$y=2$.

2. 求由下列各曲线或射线围成图形的面积：

(1) $\rho=2a\cos\theta(a>0)$；

(2) $\rho=3\cos\theta$ 和 $\rho=1+\cos\theta$ 的公共部分；

(3) $\rho^2=a^2\cos 2\theta(a>0)$.

3. 求由下列曲线所围成的图形绕指定轴旋转而成的旋转体的体积：

(1) $y=x^2$，$y^2=x$，绕 x 轴；

(2) $y=\cos x$，$x=0$，$x=\pi$，$y=0$，绕 x 轴；

(3) $2x-y+4=0$，$x=0$，$y=0$，绕 y 轴；

(4) $y=x^2-4$，$y=0$，绕 y 轴.

4. 一弹簧当由自然状态拉长4cm时需用力200N,求由4cm拉长到10cm时弹性力所做的功.

5. 一半径为2m的半球形水池,水面与上边沿平齐,如果吸筒将水吸干,需做功多少?

6. 一水库的闸门高3m,宽2m,当水面与闸门上边沿平齐时,求闸门一侧所承受的水压力.

7. 一个水平放置的水管,其断面是一个直径为6m的圆,计算水半满时水管一端的直立闸门上所受的压力大小.

班级＿＿＿＿＿＿ 学号＿＿＿＿＿＿ 姓名＿＿＿＿＿＿ 评分＿＿＿＿＿＿

习题 4-6(1) 二重积分(一)

1. 利用二重积分定义证明

$\iint\limits_D \mathrm{d}\sigma = \sigma$（$\sigma$ 是 D 的面积）.

2. 设有一平面薄片，占有 xOy 面上区域 D，薄片上分布有面密度为 $\mu = \mu(x, y)$ 的电荷，且 $\mu(x, y)$ 在 D 上连续，试用二重积分表达该薄片上的全部电荷.

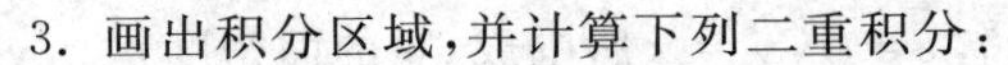

3. 画出积分区域，并计算下列二重积分：

(1) $\iint\limits_D (3x + 2y)\mathrm{d}x\mathrm{d}y$，其中 D 为两坐标轴及直线 $x + y = 1$ 所围成的区域；

(2) $\iint\limits_D \cos(x + y)\mathrm{d}x\mathrm{d}y$，其中 D 为 $x = 0, y = \pi, y = x$ 所围成的区域；

(3) $\iint\limits_D \sqrt{x}\,\mathrm{d}x\mathrm{d}y$，其中 D 为 $x^2 + y^2 \leqslant x$；

(4) $\iint\limits_D (1 - y)\mathrm{d}x\mathrm{d}y$，其中 D 为 $x = y^2$ 和 $x + y = 2$ 所围成的区域；

(5) $\iint\limits_D xy\mathrm{d}x\mathrm{d}y$,其中 D 为 $y=\sqrt{x}$,$y=x^2$ 所围成的区域;

(6) $\iint\limits_D \frac{x}{y}\mathrm{d}x\mathrm{d}y$,其中 D 为直线 $y=\frac{x}{2}$,$y=2x$,$y=2$ 所围成的区域;

(7) $\iint\limits_D 2x\mathrm{d}x\mathrm{d}y$,其中 D 为直线 $x+2y-3=0$,x 轴及抛物线 $y=x^2$ 所围成的区域;

(8) $\iint\limits_D 10y\mathrm{d}x\mathrm{d}y$,其中 D 为抛物线 $y=x^2-1$ 及直线 $y=x+1$ 所围成的区域.

4. 设平面薄片所占的区域 D 上由直线 $y=0$,$x=1$,$y=x$ 所围成,它的面密度 $\rho(x,y)=x^2+y^2$,求该薄片的质量.

5. 求下列各题中曲线所围成的面积:

(1) $xy=4$, $x+y=5$;

(2) $y=\sin x$, $y=\cos x$ 与 y 轴在第一象限中所围成的面积.

班级____________ 学号____________ 姓名____________ 评分____________

习题 4-6(2) 二重积分(二)

1. 利用极坐标计算下列积分:

(1) $\iint\limits_D xy\,dx\,dy$, $D: x^2+y^2\leqslant 1$;

(2) $\iint\limits_D y\,dx\,dy$, $D: x\leqslant y\leqslant \sqrt{3}x$, $a^2\leqslant x^2+y^2\leqslant b^2 (b>a>0)$;

(3) $\iint\limits_D e^{x^2+y^2}\,dx\,dy$, $D: x^2+y^2\leqslant 1$;

(4) $\iint\limits_D \frac{y}{\sqrt{x^2+y^2}}\,dx\,dy$, $D: x^2+y^2\leqslant y$;

(5) $\iint\limits_D x\,dx\,dy$, $D: x^2+y^2\leqslant 4$, $x\geqslant 1$.

2. 选择适当的坐标系计算下列积分:

(1) $\iint\limits_D \frac{x^2}{y}\,dx\,dy$,其中 D 由直线 $y=x$,$y=2$ 和双曲线 $xy=1$ 所围成的区域;

(2) $\iint\limits_D \sqrt{1-x^2-y^2}\,\mathrm{d}x\mathrm{d}y$, D:$x^2+y\leqslant 1, x\geqslant 0, y\geqslant 0$;

(3) $\iint\limits_D \frac{1}{y^2}\mathrm{d}x\mathrm{d}y$,其中 D 由直线 $y=x, y=z$ 及 $y^2=x$ 所围成的区域;

(4) $\iint\limits_D \sqrt{x^2+y^2}\,\mathrm{d}x\mathrm{d}y$, D:$3x\leqslant x^2+y^2\leqslant 9, x\geqslant 0, y\geqslant 0$;

(5) $\iint\limits_D y\,\mathrm{d}x\mathrm{d}y$, D:$x^2+y^2\leqslant 1, x+y\geqslant 1$.

3. 设平面薄片所占的区域 D 是螺线 $r=2\theta$ 上的一段弧 $\left(0\leqslant\theta\leqslant\frac{\pi}{2}\right)$ 与直线 $\theta=\frac{\pi}{2}$ 所围成,它的面密度 $\rho(x,y)=12\sqrt{x^2+y^2}$,求该薄片的质量.

4. 求 $y=0, y=x, x=1$ 所围成的密度函数为 $\rho=x^2+y^2$ 的三角形薄片的质量.

5. 求由直线 $y=0, y=a-x, x=0$ 所围成的均匀薄片的重心.

6. 求由 $y=0, x=0, x=a, y=b$ 所围成的均匀矩形的转动惯量 I_x 与 I_y.

第5章

线性代数初步

班级__________ 学号__________ 姓名__________ 评分__________

习题 5-1 行 列 式

1. 计算下列行列式：

(1) $\begin{vmatrix} 3 & 6 & 2 \\ 2 & 3 & 6 \\ 6 & 2 & 3 \end{vmatrix}$；

(2) $\begin{vmatrix} 1 & 1 & 1 \\ 1 & 1+a & 1 \\ 1 & 1 & 1+b \end{vmatrix}$；

(3) $\begin{vmatrix} 5 & 0 & 4 & 2 \\ 1 & 1 & 2 & 1 \\ 4 & 1 & 2 & 0 \\ 1 & 1 & 1 & 1 \end{vmatrix}$；

(4) $\begin{vmatrix} 0 & x & y & z \\ x & 0 & z & y \\ y & z & 0 & x \\ z & y & x & 0 \end{vmatrix}$.

2. 证明下列等式：

(1) $\begin{vmatrix} a & b & c \\ x & y & z \\ h & q & r \end{vmatrix} = \begin{vmatrix} y & b & q \\ x & a & h \\ z & c & r \end{vmatrix}$；

(2) $\begin{vmatrix} b & a & a \\ a & b & a \\ a & a & b \end{vmatrix} = (2a+b)(b-a)^2$；

(3) $\begin{vmatrix} \cos\alpha & \sin\alpha & 0 & 0 \\ -\sin\alpha & \cos\alpha & 0 & 0 \\ 0 & 0 & \cos\alpha & \sin\alpha \\ 0 & 0 & -\sin\alpha & \cos\alpha \end{vmatrix} = 1.$

3. 解下列方程：

(1) $\begin{vmatrix} 2+x & x & x \\ x & 3+x & x \\ x & x & 4+x \end{vmatrix}=0$；　　(2) $\begin{vmatrix} 0 & 1 & x & 1 \\ 1 & 0 & 1 & x \\ x & 1 & 0 & 1 \\ 1 & x & 1 & 0 \end{vmatrix}=0$.

4. 用克莱姆法则解下列线性方程组：

(1) $\begin{cases} x+3y+z-5=0, \\ x+y+5z+7=0, \\ 2x+3y-3z-14=0; \end{cases}$　　(2) $\begin{cases} x+2y-3z=0, \\ 3x-y+4z=0, \\ x+y+z=0; \end{cases}$

(3) $\begin{cases} x_1-x_2-x_3-x_4=2, \\ x_1-x_2+x_3+x_4=3, \\ x_1+x_2-x_3+x_4=4, \\ x_1+x_2+x_3-x_4=4; \end{cases}$　　(4) $\begin{cases} x_2+x_3+x_4+x_5=1, \\ x_1+x_3+x_4+x_5=2, \\ x_1+x_2+x_4+x_5=3, \\ x_1+x_2+x_3+x_5=4, \\ x_1+x_2+x_3+x_4=5. \end{cases}$

5. 设下列齐次线性方程组有非零解,求 m 的值：

(1) $\begin{cases} (m-2)x+y=0, \\ x+(m-2)y+z=0, \\ y+(m-2)z=0; \end{cases}$　　(2) $\begin{cases} 4x+3y+z=mx, \\ 3x-4y+7z=my, \\ x+7y-6z=mz. \end{cases}$

6. 求一个二次多项式 $f(x)$,使 $f(1)=-1, f(-1)=9, f(2)=-3$.

班级______ 学号______ 姓名______ 评分______

习题 5-2 矩阵及其运算

1. 设矩阵

$$A=\begin{pmatrix}1&-2&1&2\\2&3&-4&0\\-3&5&0&-4\end{pmatrix},\ B=\begin{pmatrix}-3&3&0&-3\\0&-4&9&12\\6&-8&-9&5\end{pmatrix}.$$

求:(1) $2A-B$;(2) $2A+3B$;(3) 若 X 满足 $A+X=B$,求 X.

2. 计算下列矩阵.

(1) $\begin{pmatrix}1&0\\0&1\end{pmatrix}\begin{pmatrix}3&2\\5&6\end{pmatrix}$;

(2) $\begin{pmatrix}2&-1\\-3&3\end{pmatrix}^2-5\begin{pmatrix}2&-1\\-3&3\end{pmatrix}+2\begin{pmatrix}1&0\\0&1\end{pmatrix}$;

(3) $\begin{pmatrix}1&0\\0&1\end{pmatrix}\begin{pmatrix}5&3\\2&7\end{pmatrix}\begin{pmatrix}1&0\\0&1\end{pmatrix}$;

(4) $\begin{pmatrix}-1&2&3\\3&-1&0\end{pmatrix}\begin{pmatrix}2&5&0\\-4&3&-2\\-3&-1&1\end{pmatrix}$.

3. 设 n 阶方阵 A 和 B 满足 $AB=BA$,证明:

(1) $(A+B)^2=A^2+2AB+B^2$;

(2) $A^2-B^2=(A+B)(A-B)$.

4. 若矩阵

$$A=\begin{pmatrix}-2&3\\-5&0\end{pmatrix},\ B=\begin{pmatrix}2&1\\3&4\end{pmatrix}.$$

验证:$\det AB=\det A\det B$.

5. 若矩阵

$$A=\begin{pmatrix}1&3\\0&2\\-1&0\end{pmatrix},\ B=\begin{pmatrix}1&0&1\\-1&1&0\end{pmatrix}.$$

验证:$(AB)^{T}=B^{T}A^{T}$.

6. 已知矩阵 $\boldsymbol{B}=\begin{pmatrix}1 & 0 & 2 & 0\\ 1 & -1 & 0 & 2\\ 0 & 2 & 1 & -1\end{pmatrix}$ 和对称矩阵 $\boldsymbol{A}=\begin{pmatrix}1 & 4 & 6\\ 4 & 2 & 5\\ 6 & 5 & 3\end{pmatrix}$,

验证:$\boldsymbol{B}^{\mathrm{T}}\boldsymbol{A}\boldsymbol{B}$ 为对称矩阵.

7. 用伴随矩阵求下列矩阵的逆矩阵:

(1) $\begin{pmatrix}2 & 1\\ 1 & 2\end{pmatrix}$; (2) $\begin{pmatrix}1 & 1 & 2\\ -1 & 2 & 0\\ 1 & 1 & 3\end{pmatrix}$; (3) $\begin{pmatrix}2 & 2 & 3\\ 1 & -1 & 0\\ -1 & 2 & 1\end{pmatrix}$.

8. 用初等变换求逆矩阵:

(1) $\begin{pmatrix}5 & 7\\ 8 & 11\end{pmatrix}$;

(2) $\begin{pmatrix}1 & 0 & 1\\ -1 & 1 & 1\\ -2 & -1 & 1\end{pmatrix}$;

(3) $\begin{pmatrix}2 & 7 & 3\\ 3 & 9 & 4\\ 1 & 5 & 3\end{pmatrix}$;

(4) $\begin{pmatrix}1 & 2 & 3 & 4\\ 2 & 3 & 1 & 2\\ 1 & 1 & 1 & -1\\ 1 & 0 & -2 & -6\end{pmatrix}$.

9. 解下列矩阵方程:

(1) $x\begin{pmatrix}2 & 5\\ 1 & 3\end{pmatrix}=\begin{pmatrix}4 & -6\\ 2 & 1\end{pmatrix}$;

(2) $\begin{pmatrix}3 & -1\\ 5 & -2\end{pmatrix}x\begin{pmatrix}5 & 6\\ 7 & 8\end{pmatrix}=\begin{pmatrix}14 & 16\\ 9 & 10\end{pmatrix}$;

(3) $\begin{pmatrix}1 & 0 & 1\\ -1 & 1 & 1\\ 2 & -1 & 1\end{pmatrix}x=\begin{pmatrix}2\\ 0\\ -3\end{pmatrix}$;

(4) $x\begin{pmatrix}3 & -1 & 2\\ 1 & 0 & -1\\ -2 & 1 & 4\end{pmatrix}=\begin{pmatrix}3 & 0 & -2\\ -1 & 4 & 1\end{pmatrix}$.

10. 解线性方程组:

(1) $\begin{cases}x_1+x_2-x_3=2,\\ -2x_1+x_2+x_3=3,\\ x_1+x_2+x_3=6;\end{cases}$

(2) $\begin{cases}x_1+x_2+3x_3=-5,\\ 2x_1+x_2+x_3=8,\\ 3x_1+2x_2+3x_3=-9.\end{cases}$

班级____________ 学号____________ 姓名____________ 评分____________

习题 5-3 线性方程组

1. 求下列矩阵的秩：

(1) $\begin{pmatrix} 1 & -1 & 3 \\ 2 & -4 & 1 \\ 0 & 3 & 2 \end{pmatrix}$；

(2) $\begin{pmatrix} -5 & 6 & -3 \\ 3 & 1 & 11 \\ 4 & -2 & 8 \end{pmatrix}$；

(3) $\begin{pmatrix} 1 & 6 & -2 & 5 \\ 4 & 0 & 4 & -2 \\ 7 & 2 & 0 & 2 \\ -6 & 3 & -3 & 3 \end{pmatrix}$；

(4) $\begin{pmatrix} 2 & 0 & 2 & 2 \\ 0 & 1 & 0 & 0 \\ 2 & 1 & 0 & 1 \\ 0 & 1 & 0 & 0 \end{pmatrix}$.

2. 求解下列方程组：

(1) $\begin{cases} 2x_1 - x_2 + 3x_3 = 1, \\ 4x_1 - 3x_2 + 5x_3 = 4, \\ 2x_1 - x_2 + 4x_3 = 0; \end{cases}$

(2) $\begin{cases} 2x_1 - x_2 + x_3 + x_4 = 7, \\ x_1 - x_2 + 3x_4 = 11, \\ 3x_2 - 2x_3 - x_4 = -4, \\ -x_1 - x_2 + 2x_3 + x_4 = 7. \end{cases}$

3. 讨论下列方程组当 k 取何值时，方程组分别有唯一解、无穷组解、无解：

(1) $\begin{cases} 2x_1 - x_2 + x_3 + x_4 = 1, \\ x_1 + 2x_2 - x_3 + 4x_4 = 2, \\ x_1 + 7x_2 - 4x_3 + 11x_4 = k; \end{cases}$

(2) $\begin{cases} x_1 + x_2 + x_3 + x_4 + x_5 = 1, \\ 3x_1 + 2x_2 + x_3 + x_4 - 3x_5 = k, \\ x_2 + 2x_3 + 2x_4 + 6x_5 = 3. \end{cases}$

4. 求下列线性方程组的通解：

(1) $\begin{cases} x_1 - 2x_2 + 3x_3 = 4, \\ 2x_1 + x_2 - 3x_3 = 5, \\ -x_1 + 2x_2 + 2x_3 = 6, \\ 3x_1 - 3x_2 + 2x_3 = 7; \end{cases}$

(2) $\begin{cases} 2x_1 - 3x_2 + x_3 + 5x_4 = 6, \\ -3x_1 + x_2 + 2x_3 - 4x_4 = 5, \\ -x_1 - 2x_2 + 3x_3 + x_4 = 2; \end{cases}$

(3) $\begin{cases} x_1 - 3x_2 - 2x_3 - x_4 = 6, \\ 3x_1 - 8x_2 + x_3 + 5x_4 = 0, \\ -2x_1 + x_2 - 4x_3 + x_4 = -12, \\ -x_1 + 4x_2 - x_3 - 3x_4 = 2. \end{cases}$

5. 若下列线性方程组有非零解，试确定 m 的值，并求出它们的解：

(1) $\begin{cases} (m-6)x_1 + 2x_2 - 2x_3 = 0, \\ 2x_1 + (m-3)x_2 - 4x_3 = 0, \\ -2x_1 - 4x_2 + (m-3)x_3 = 0; \end{cases}$

(2) $\begin{cases} x_1 + 2x_2 + 3x_3 = 0, \\ x_1 + x_2 + 2x_3 = 0, \\ x_1 - x_2 + mx_3 = 0. \end{cases}$

微分方程

第6章

班级__________ 学号__________ 姓名__________ 评分__________

习题 6-1 一阶微分方程

1. 指出下列各题中,哪些是一阶线性微分方程:

(1) $xy' + y^2 = x$;

(2) $y' + xy = \sin x$;

(3) $y \cdot y' = x$;

(4) $(y')^2 + 2xy = 0$.

2. 验证下列各题中所给函数是对应微分方程的解,并指出哪些是通解:

(1) $xy' = 2y$, $y = 3x^2$;

(2) $y' + y^2 = 0$, $y = \dfrac{1}{x+C}$,其中 C 是任意常数;

(3) $y'' - y = 0$, $y = 2e^x - e^{-x}$.

3. 求下列微分方程的通解:

(1) $\dfrac{dy}{dx} = \dfrac{1}{y}$;

(2) $\dfrac{dy}{dx} = 2xy^3$;

(3) $y\mathrm{d}x = x^2\mathrm{d}y$;

(4) $\dfrac{\mathrm{d}y}{\mathrm{d}x} = \mathrm{e}^{x+y}$.

4. 求解初值问题：

(1) $\begin{cases} y' = \mathrm{e}^{2x-y}, \\ y(0) = 0; \end{cases}$

(2) $\begin{cases} \dfrac{\mathrm{d}y}{\mathrm{d}x} = \dfrac{y(1+y)}{x(1+x)}, \\ y(2) = 1. \end{cases}$

5. 利用常数变易法求解下列微分方程：

(1) $y' + y = \mathrm{e}^{-x}$;

(2) $y' + 2xy = x\mathrm{e}^{-x^2}$;

(3) $y' - \dfrac{1}{x+1}y = x^2 + x$.

6. 利用公式法求解下列微分方程：

(1) $y'\cos x + y\sin x = 1$;

(2) $y' + \dfrac{y}{x} = \dfrac{1}{x(x^2+1)}$;

(3) $y' - y = 2x\mathrm{e}^{2x}$, $y|_{x=0} = 1$;

(4) $xy' + 2y = \sin x$, $y|_{x=\pi} = \dfrac{1}{\pi}$;

(5) $xy' + y = 3$, $y|_{x=1} = 0$.

班级＿＿＿＿＿＿ 学号＿＿＿＿＿＿ 姓名＿＿＿＿＿＿ 评分＿＿＿＿＿＿

习题 6-2 二阶可降阶微分方程

1. 求下列微分方程的通解：

(1) $y''=x+e^{x}$；

(2) $y''=x\sin x-e^{2x}$；

(3) $y''=1+(y')^{2}$；

(4) $y''=x+y'$；

(5) $xy''+y'=0$；

(6) $y^{3}y''-1=0$.

2. 求下列微分方程满足所给初始条件的特解:

(1) $y''-a(y')^2=0$, $y\Big|_{x=0}=0$, $y'\Big|_{x=0}=-1$;

(2) $x^2y''+xy'=1$, $y\Big|_{x=1}=0$, $y'\Big|_{x=1}=1$.

3. 试求 $y''=x$ 过点(0,1),且在此点与直线 $y=\dfrac{x}{2}+1$ 相切的积分曲线.

班级____________ 学号____________ 姓名____________ 评分____________

习题 6-3(1) 二阶常系数线性微分方程(一)

1. 选择题：

(1) 设 y_1, y_2 是二阶常系数线性齐次方程 $y'' + py' + qy = 0$ 的两个特解，C_1, C_2 是两个任意常数，则对于 $y = c_1 y_1 + c_2 y_2$，下列命题中正确的是 (　　)

A. 一定是微分方程的通解；

B. 不可能是微分方程的通解；

C. 是微分方程的解；

D. 不是微分方程的解.

(2) $\dfrac{d^2 x}{dt^2} - 4x = 0$ 的特征方程为 (　　)

A. $\lambda^2 - 4 = 0$；　　B. $\lambda^2 - 4\lambda = 0$；

C. $\lambda - 4 = 0$；　　D. $\lambda^2 + 4 = 0$.

2. 求下列微分方程的通解：

(1) $y'' + 4y' + 4y = 0$；

(2) $y'' + y' - 12y = 0$；

(3) $y'' - 12y' + 36y = 0$；

(4) $y'' + 7y' + 12y = 0$；

(5) $y''-3y'+3y=0$

(6) $y''+12y=0$.

3. 求下列微分方程满足所给初始条件的特解：

(1) $y''-3y'-4y=0$，$y(0)=0$，$y'(0)=-5$；

(2) $y''+25y=0$，$y(0)=2$，$y'(0)=5$.

班级____________ 学号____________ 姓名____________ 评分____________

习题 6-3(2) 二阶常系数线性微分方程(二)

1. 求下列微分方程的通解：

(1) $2y'' + y' - y = 2e^x$；

(2) $y'' + a^2 y = e^x$；

(3) $y'' + 9y' = x - 4$；

(4) $y'' - 5y' + 6y = xe^{2x}$；

(5) $y'' - 6y' + 9y = 5(x+1)e^{3x}$；

(6) $y'' - 2y' + 5y = e^x \sin 2x$；

(7) $y'' + 4y = x \cos x$.

2. 求下列微分方程的特解：

(1) $y'' - 3y' + 2y = 5$，$y(0) = 2$，$y'(0) = 2$；

(2) $y'' + y = -\sin 2x$，$y(\pi) = 1$，$y'(\pi) = 1$；

(3) $y'' - y = 4xe^{x}$，$y(0) = 0$，$y'(0) = 1$.

3. 一质量为4 kg的钢球悬于弹性系数为64 kg/cm的弹簧下，它从平衡位置上0.5 cm处开始无初速度地运动，同时还受到一个垂直干扰力$F(t) = 8\sin 4t$的作用，假设没有空气阻力，求物体的运动方程$x = x(t)$.

第7章

拉普拉斯交换

班级＿＿＿＿＿＿ 学号＿＿＿＿＿＿ 姓名＿＿＿＿＿＿ 评分＿＿＿＿＿＿

习题 7-1 拉普拉斯变换的概念与性质

1. 求下列函数的拉普拉斯变换：

(1) $f(t)=1$；

(2) $f(t)=t^2$；

(3) $f(t)=\sin\dfrac{t}{2}$；

(4) $f(t)=\begin{cases} e^t, & t\leqslant 2, \\ 3, & t>2; \end{cases}$

(5) $f(t)=\begin{cases} -1, & t\leqslant 4, \\ 1, & t>4. \end{cases}$

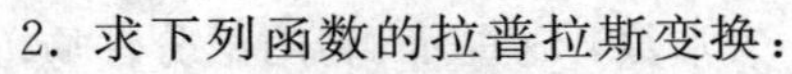

2. 求下列函数的拉普拉斯变换：

(1) $f(t)=3+2t^2$；

(2) $f(t)=5\sin 3t-17e^{-2t}$；

(3) $f(t)=t\mathrm{e}^{4t}$；

(4) $f(t)=\mathrm{e}^{-2t}\sin 5t$；

(5) $f(t)=\cos\omega t$；

(6) $u(t-5)=\begin{cases}0, & t<5,\\ 1, & t\geqslant 5;\end{cases}$

(7) $f(t)=\int_0^t \sin 2x\mathrm{d}x$.

3. 先查表再利用微分性质求下列函数的拉普拉斯变换：

(1) $f(t)=\int_0^t \mathrm{e}^{-4x}\sin 3x\mathrm{d}x$；

(2) $f(t)=\mathrm{e}^{-t}\cos 2t$.

4. 某动态电路的输入 — 输出方程为

$$\frac{\mathrm{d}^2}{\mathrm{d}t^2}r(t)+a_1\frac{\mathrm{d}}{\mathrm{d}t}r(t)+a_0r(t)=0,$$

其中 $r(0)$ 及 $r'(0)$ 不为 0. 求 $r(t)$ 的像函数(其中 a_1, a_0 为常数). (提示:利用微分性质.)

班级____________ 学号____________ 姓名____________ 评分____________

习题 7-2　拉普拉斯逆变换及其求法

1. 求下列函数的拉普拉斯逆变换：

(1) $F(s)=\dfrac{1}{s}$；

(2) $F(s)=\dfrac{1}{s^2}$；

(3) $F(s)=\dfrac{1}{\sqrt{s}}$；

(4) $F(s)=\dfrac{1}{s-8}$；

(5) $F(s)=\dfrac{s}{s^2+6}$；

(6) $F(s)=\dfrac{5s}{(s^2+1)^2}$；

(7) $F(s)=\dfrac{1}{s^2-2s+9}$；

(8) $F(s)=\dfrac{s}{(s-2)^2+9}$.

2. 求下列函数的拉普拉斯逆变换：

(1)$F(s)=\dfrac{s+3}{(s-2)(s+1)}$；

(2) $F(s)=\dfrac{1}{(s+1)(s^2+1)}$；

(3) $F(s)=\dfrac{1}{s(s^2+4)}$；

(4) $F(s)=\dfrac{1}{(s^2+1)(s^2+4s+8)}$.

班级____________ 学号____________ 姓名____________ 评分____________

习题 7-3 拉普拉斯变换的应用

1. 利用拉普拉斯变换及其逆变换解下列微分方程：

(1) $y''-2y'+5y=0$，$y'(0)=1$，$y(0)=0$；

(2) $y''-4y'+4y=0$，$y'(0)=1$，$y(0)=0$；

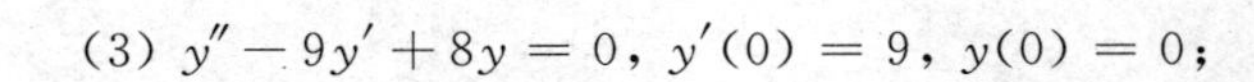

(3) $y''-9y'+8y=0$，$y'(0)=9$，$y(0)=0$；

(4) $y''+4y'+5y=0$，$y'(0)=2$，$y(0)=0$.

2. 求方程组$\begin{cases} y'' + x' = \cos t, \\ y - x'' = -\sin t \end{cases}$满足初值条件$\begin{cases} y(0) = y'(0) = -1, \\ x(0) = 1, x'(0) = 0 \end{cases}$的解.

3. 求 RC 串联闭合电路$\frac{\mathrm{d}u_c^2(t)}{\mathrm{d}t^2} + 8\frac{\mathrm{d}u_c(t)}{\mathrm{d}t} + 17u_c(t) = \frac{1}{2}\sin t$ 的传递函数、脉冲响应函数和频率响应.

第8章

无穷级数

班级＿＿＿＿＿＿　学号＿＿＿＿＿＿　姓名＿＿＿＿＿＿　评分＿＿＿＿＿＿

习题 8-1　无穷级数的概念

1. 判断题(对的画“√”,错的画“×”):

(1) 级数部分和的极限存在,则级数收敛;若部分和的极限不存在,则级数发散.　(　　)

(2) 若级数 $\sum_{n=1}^{\infty}(u_n \pm v_n)$ 收敛,则级数 $\sum_{n=1}^{\infty}u_n$ 与级数 $\sum_{n=1}^{\infty}v_n$ 都收敛.　(　　)

(3) 改变级数的有限项不会改变级数的和.　(　　)

(4) 当 $\lim_{n\to\infty}u_n = 0$ 时,级数 $\sum_{n=1}^{\infty}u_n$ 不一定收敛.　(　　)

2. 用级数的“$\sum$”形式填空:

(1) $1! + 2! + 3! + \cdots$,即＿＿＿＿＿＿＿＿＿＿＿＿＿＿.

(2) $1 - \frac{1}{3} + \frac{1}{5} - \frac{1}{7} + \cdots$,即＿＿＿＿＿＿＿＿＿＿＿＿＿＿.

(3) $\frac{1}{\ln 2} + \frac{1}{2\ln 3} + \frac{1}{3\ln 4} + \cdots$,即＿＿＿＿＿＿＿＿＿＿＿＿＿＿.

(4) $\frac{1}{4} + \frac{2}{5} + \frac{3}{6} + \cdots$,即＿＿＿＿＿＿＿＿＿＿＿＿＿＿.

3. 判断下列各级数的收敛性,并求收敛级数的和:

(1) $\ln^3\pi + \ln^4\pi + \ln^5\pi + \cdots$;

(2) $\frac{1}{1\cdot 3} + \frac{1}{3\cdot 5} + \frac{1}{5\cdot 7} + \cdots$;

(3) $\sum_{n=1}^{\infty}\frac{n}{10n+1}$;

(4) $\sum_{n=1}^{\infty}(\sqrt{n+1} - \sqrt{n})$.

4. 判断下列级数的收敛性:

(1) $\sum_{n=1}^{\infty}\frac{1}{0.9^n + 1}$;

(2) $\sum_{n=1}^{\infty}\frac{8}{n^2 + 5n + 6}$;

(3) $\sum\limits_{n=1}^{\infty}\frac{1}{\ln(n+1)}$;

(4) $\sum\limits_{n=1}^{\infty}\left[1+\frac{(-1)^n}{n^2}\right]$;

(5) $\sum\limits_{n=1}^{\infty}\frac{n+1}{n(n+2)}$;

(6) $\sum\limits_{n=1}^{\infty}\left(\frac{n}{1+n}\right)^n$;

(7) $\sum\limits_{n=1}^{\infty}\frac{6^n}{n^6}$;

(8) $\sum\limits_{n=1}^{\infty}n^2\sin\frac{\pi}{2^n}$.

5. 判断下列级数的敛散性.若收敛,它们是绝对收敛还是条件收敛?

(1) $\sum\limits_{n=1}^{\infty}(-1)^n\frac{\sin^2 n}{n^2}$;

(2) $1-\frac{1}{3^2}+\frac{1}{5^2}-\frac{1}{7^2}+\cdots$;

(3) $\sum\limits_{n=1}^{\infty}(-1)^n\frac{1}{\ln(n+1)}$;

(4) $\sum\limits_{n=1}^{\infty}(-1)^{n-1}2^n\sin\frac{\pi}{3^n}$;

(5) $\frac{2}{1}+\frac{2\cdot 4}{1\cdot 3}+\frac{2\cdot 4\cdot 6}{1\cdot 3\cdot 5}+\frac{2\cdot 4\cdot 6\cdot 8}{1\cdot 3\cdot 5\cdot 7}+\cdots$.

班级____________ 学号____________ 姓名____________ 评分____________

习题 8-2(1)　幂级数与多项式逼近(一)

1. 求下列幂级数的收敛域：

(1) $\sum_{n=1}^{\infty}(-1)^n\frac{x^n}{n^2}$

(2) $\sum_{n=1}^{\infty}\frac{(-1)^n x^n}{\sqrt{(n+1)(n+2)}}$；

(3) $\sum_{n=1}^{\infty}\frac{x^n}{2\cdot 4\cdot 6\cdot\cdots\cdot 2n}$；

(4) $\sum_{n=1}^{\infty}\frac{x^n}{x\cdot 4^n}$；

(5) $\sum_{n=1}^{\infty}n!x^n$；

(6) $\sum_{n=1}^{\infty}\frac{(x-2)^n}{n}$；

(7) $\sum_{n=1}^{\infty}\frac{(x+1)^n}{n\cdot 3^n}$；

(8) $\sum_{n=1}^{\infty}(-1)^n\frac{x^{2n+1}}{2n+1}$.

2. 求下列级数的收敛域与和函数：

(1) $\sum_{n=1}^{\infty}\left[\frac{(-1)^n}{2^n}+3^n\right]x^n$；

(2) $\sum_{n=1}^{\infty}\frac{x^n}{n\cdot 4^n}$；

(3) $x+\frac{x^5}{5}+\frac{x^9}{9}+\frac{x^{13}}{13}+\cdots$；

(4) $1+2x+3x^2+4x^3+\cdots$.

班级____________ 学号____________ 姓名____________ 评分____________

习题 8-2(2)　幂级数与多项式逼近(二)

1. 将下列函数展开为幂级数：

(1) e^{2x}；

(2) $\ln(a+x)(a>0)$；

(3) $\sin^2 x$；

(4) $(1+x)\ln(1+x)$；

(5) 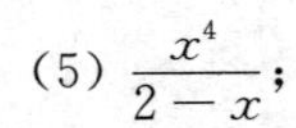 $\dfrac{x^4}{2-x}$；

(6) $\arctan x$.

2. 将 $f(x)=\dfrac{1}{2-x}$ 展开成 $x-1$ 的幂级数.

3. 将下列函数展开成指定点处的 n 次泰勒多项式:

(1) $f(x)=\dfrac{1+x}{(1-x)^2}$ 在 $x=0$ 处;

(2) $f(x)=\ln x$ 在 $x=2$ 处.

4. 用级数的展开式,近似计算 $\sin 18°$(取前两项).

5. 利用被积函数的级数展开式,计算积分 $\int_{0.1}^{1}\dfrac{e^x}{x}dx$ 的近似值(计算前三项).

班级____________ 学号____________ 姓名____________ 评分____________

*习题 8-3 傅立叶级数

1. 填空题：

(1) 若 $f(x)$ 在 $[-\pi,\pi]$ 上满足收敛定理的条件，则在连续点 x_0 处它的傅立叶级数与 $f(x_0)$ __________.

(2) 设周期函数 $f(x)=\dfrac{x}{2}(-\pi\leqslant x<\pi)$，则它的傅立叶系数

$a_0=$ __________, $a_n=$ __________, $b_1=$ __________, $b_n=$ __________.

(3) 用周期为 2π 的函数 $f(x)$ 的傅立叶系数公式，求周期为 $2l$ 的函数 $g(t)$ 的傅立叶级数，应作代换 $t=$ __________.

(4) 周期为 $2l$ 的函数 $f(x)$ 的傅立叶系数 $a_0=$ __________, $a_n=$ __________, $b_n=$ __________.

2. 把下列周期函数展开成傅立叶级数：

(1) $f(x)=x^2, x\in[-\pi,\pi]$；

(2) $f(x)=2\sin\dfrac{x}{3}, x\in[-\pi,\pi]$；

(3) $f(x)=x, x\in(-\pi,\pi]$；

(4) $f(x)=\begin{cases}\pi+x, & -\pi\leqslant x<0,\\ 0, & x=0,\\ \pi-x, & 0<x\leqslant\pi.\end{cases}$

3. 将下列函数展开成傅立叶级数：

(1) $f(x)=\begin{cases} x, & -1\leqslant x<0, \\ 1+x, & 0<x\leqslant 1; \end{cases}$

(2) $f(x)=\begin{cases} 0, & -l\leqslant x\leqslant 0, \\ 2, & 0<x\leqslant l. \end{cases}(l>0)$

4. 将函数 $f(x)=\begin{cases} x, & 0\leqslant x\leqslant 1, \\ 2-x, & 1<x\leqslant 2 \end{cases}$ 分别展开成正弦级数和余弦级数.

参考答案

第1章　函数与极限

习题 1-1

1. (1) $(-\infty,-3)\cup(-3,-2)\cup(-2,+\infty)$；　(2) $(-1,2]$；
   (3) $(-\infty,-1]\cup[1,+\infty)$；　(4) $(2k\pi,(2k+1)\pi),k\in\mathbf{Z}$；
   (5) $(-1,1)$；　(6) $\left(\frac{n}{2}\pi,\frac{n+1}{2}\pi\right),n\in\mathbf{Z}$.

2. $f(0)=1;f\left(\frac{1}{a}\right)=\frac{a^2+1}{a^2};f(t^2-1)=t^4-2t^2+2;f[\varphi(x)]=1+\sin^2 3x$；
   $\varphi[f(x)]=\sin 3(1+x^2)$.

3. $f(-\frac{1}{2})=0;f(\frac{1}{3})=\frac{2}{3};f(\frac{3}{4})=\frac{1}{2};f(2)=0$.

4. (1) $y=\sqrt{x^3-1}$,定义域$[1,+\infty)$；
   (2) $y=\arcsin\sqrt{x}$,定义域$[0,1]$；
   (3) $y=\lg 2^{\cos x}$,定义域$(-\infty,+\infty)$；
   (4) $y=\mathrm{e}^{\tan^2 x}$,定义域$\{x\mid x\neq k\pi+\frac{\pi}{2},k\in\mathbf{Z}\}$.

5. (1) $y=u^3,u=1+x$；　(2) $y=\ln u,u=\sin x$；
   (3) $y=\arccos u,u=v^{\frac{1}{2}},v=1+x$；　(4) $y=u^2,u=\sin v,v=2x-1$.

6. $l=\frac{1}{490}p$,定义域$[0,p]$.

7. $y=\begin{cases}12.5, & 0<x\leqslant 3,\\ 2.5(x-3)+12.5, & x>3,\end{cases}$定义域$(0,+\infty)$.

8. $R(x)=\begin{cases}300x, & 0\leqslant x\leqslant 500,\\ 280(x-500)+150\,000, & x>500,\end{cases}$定义域$[0,+\infty)$.

习题 1-2

1. (1) 4；(2) 0；(3) $\frac{1}{3}$；(4) 1；(5) 不存在；(6) 不存在.

2. (1) 2；(2) 0；(3) 2；(4) 2；(5) 0；(6) 1.

3. $\lim\limits_{x\to 0}f(x)=1$.

4. $f(0-0)=-1,f(0+0)=1,\lim\limits_{x\to 0}f(x)$ 不存在.

5. 略.

习题 1-3

1. (1) $\frac{13}{4}$；(2) $2x$；(3) $\frac{2}{3}$；(4) $\sqrt{3}$；(5) $\frac{1}{2}$；(6) $\frac{1}{4}$.

2. (1) $-\frac{3}{5}$; (2) 2; (3) 1; (4) 1; (5) $e^{-\frac{3}{4}}$; (6) e^8.

习题 1-4

1. (1) 无穷小; (2) 无穷大; (3) 无穷大; (4) 无穷小.
2. 略.
3. (1) 0;(2) 0; (3) 0; (4) 0.
4. (1) $f(x)=1+\frac{1}{x^3-1}$; (2) $f(x)=-1+\frac{2}{1+x^2}$.
5. 略.
6. $a=\frac{1}{2}$.

习题 1-5

1. (1) $\Delta y=0.63$; (2) $\Delta y=-1.08$; (3) $\Delta y=6x\cdot\Delta x+3(\Delta x)^2$.
2. 略.
3. 函数 $f(x)$ 在点 $x=2$ 不连续.
4. 连续区间$(0,3]$;$\lim\limits_{x\to\frac{1}{2}}f(x)=\lim\limits_{x\to 2}f(x)=0$,$\lim\limits_{x\to 1}f(x)=1$,$\lim\limits_{x\to 2}f(x)=0$.
5. (1) $x=2$(无穷间断点); (2) $x=-3$(无穷间断点),$x=-2$(可去间断点);
   (3) $x=1$(跳跃间断点); (4) $x=0$(可去间断点).
6. (1) 2; (2) $\frac{1-e^{-2}}{2}$; (3) $-\frac{\sqrt{2}}{2}$; (4) $\sqrt{2}$; (5) 4; (6) $\frac{1}{2\sqrt{x}}$; (7) 1; (8) 1;
   (9) $\frac{1}{2}$; (10) 1.
7. 略.

第2章 导数与微分

习题 2-1

1. (1) $\frac{f(x)-f(3)}{x-3}$; (2) $\lim\limits_{x\to 3}\frac{f(x)-f(3)}{x-3}$.
2. (1) $\frac{f(a+h)-f(a)}{h}$; (2) $\lim\limits_{h\to 0}\frac{f(a+h)-f(a)}{h}$.
3. $W'(t)=\lim\limits_{\Delta t\to 0}\frac{W(t+\Delta t)-W(t)}{\Delta t}$.
4. (1) 3; (2) $\frac{1}{2\sqrt{3}}$.

5. (1) 6；(2) 3.

6. 切线 $y=3(x+1)-1$,法线 $y=-\frac{1}{3}(x+1)-1$.

7. 切线 $x=2$,法线 $y=7$.

8. (1) 可导,$f'(2)=0$；(2) $x=2$.

9. 连续不可导.

习题 2-2

1. $-\frac{1}{2}x^{-\frac{3}{2}}+\frac{1}{2}x^{-\frac{1}{2}}$.

2. (1) $10x-3$；
(2) $3x^2\ln x+x^2$；
(3) $\ln x\cos x+\cos x-x\ln x\sin x$；
(4) $e^{\sin x}\cos x$；
(5) $10(4x^3+2x)^9(12x^2+2)$；
(6) $\frac{2x}{(1-x^2)^2}$；
(7) $2x\sec^2(x^2+1)$；
(8) $\frac{1}{x^2(2x-1)}(6x^2-2x)$；
(9) $e^x\sin(x^2-1)+2xe^x\cos(x^2-1)$；
*(10) $-\frac{1}{\sqrt{1+x^2}}$.

3. 略.

4. (1) $v\left(\frac{1}{4}\right)=\frac{5}{16}$m/s，$v\left(\frac{1}{2}\right)=-\frac{3}{4}$m/s；
(2) $t=\frac{1}{3}$.

*5. 2cm/s.

习题 2-3

1. $v(t)=1-t^{-2}$；$a(t)=2t^{-3}$.

2. (1) $2\ln x+3$；
(2) $2\arctan x+\frac{2x}{1+x^2}$，0.

3. (1) $\frac{e^y}{1-xe^y}$；
(2) $\frac{1-2x}{3y^2+2y+1}$.

4. (1) $\frac{2y-x^2}{y^2-2x}$；
(2) 切线方程 $x+y=6$,法线方程 $y=x$.

5. (1) $2-5t$；
(2) $-t\cos t$.

*6. (1) $\frac{dy}{dx}=\frac{2}{t}$；
(2) $\frac{d^2y}{dx^2}=-\frac{2(1+t^2)}{t^4}$.

习题 2-4(1)

1. $\Delta x=1,\Delta y=19$，$dy=12$；$\Delta x=0.1,\Delta y=1.261$，$dy=1.2$.

2. (1) $\cos(3x+2)$，$3\cos(3x+2)$；
(2) $6(5x^2+2)^5$，$60x(5x^2+2)^5$；
(3) e^{2x}，$2e^{2x}$；
(4) $\left(\frac{1}{3x^2+7}\right)d(3x^2+7)=\left(\frac{6x}{3x^2+7}\right)dx$.

3. (1) $-e^{-2x}(2\cos 3x+3\sin 3x)dx$；　(2) $\dfrac{x^2+2x-1}{(x+1)^2}dx$.

4. (1) $3edx$；(2) $3dx$.

5. 略.

6. $6.4\pi m^3$.

7. 0.033 6g.

习题 2-4(2)

1. (1) $f(x)\approx 1+x$；　(2) 1.01.

2. (1) $f(x)\approx 1-\dfrac{x^2}{2!}$, $R_n(x)=\sin(\xi)\dfrac{x^3}{3!}$；　(2) 0.951.

3. 略.

4. 略.

5. 2.4.

6. 2.414.

*7. $x=-\dfrac{b}{2a}$, $R=\dfrac{1}{2a}$.

第3章　导数的应用

习题 3-1

1. 略.

2. (1) 在$(-\infty,-1)$和$(3,+\infty)$内单调增加，在$(-1,3)$内单调减少；

(2) 在$(-\infty,-1)$和$\left(-1,\dfrac{1}{2}\right)$内单调减少，在$\left(\dfrac{1}{2},+\infty\right)$内单调增加；

(3) 在$(-\infty,-2)$和$(0,+\infty)$内单调增加，在$(-2,-1)$和$(-1,0)$内单调减少.

3. (1) 极大值 $f(1)=4$，极小值 $f(3)=0$；

(2) 极大值 $f(1)=2$；

(3) 极小值 $f(0)=0$.

4. (1) 在$(-\infty,0)$和$(1,+\infty)$内单调增加，在$(0,1)$内单调减少；

极大值 $f(0)=0$，极小值 $f(1)=-\dfrac{1}{2}$.

(2) 在$(-\infty,-1)$和$\left(\dfrac{1}{5},+\infty\right)$内单调增加，在$\left(-1,\dfrac{1}{5}\right)$的单调减少；

极大值 $f(-1)=0$，极小值 $f\left(\dfrac{1}{5}\right)=-\dfrac{9}{5}\sqrt[3]{\dfrac{36}{25}}$.

习题 3-2

1. (1) 最大值 $f(4)=129$，最小值 $f(1)=-6$；
   (2) 最大值 $f(0)=2$，最小值 $f(-1)=0$.
2. 4，4.
3. 底边长为 3 及 6 单位，高为 4 单位.
4. 底宽 $\approx 4.2\text{m}$.
5. 2 小时.

习题 3-3

1. (1) $(-\infty, 0)$ 和 $\left(\frac{1}{2}, +\infty\right)$ 为凸区间，$\left(0, \frac{1}{2}\right)$ 为凹区间；$(0, 0)$，$\left(\frac{1}{2}, \frac{1}{16}\right)$ 为拐点；
   (2) $(-\infty, 4)$ 为凹区间，$(4, +\infty)$ 为凸区间；$(4, 2)$ 为拐点.
2. (1) $y=f(x)=0$ 为水平渐近线，$x=0$ 为垂直渐近线；
   (2) $y=f(x)=1$ 为水平渐近线，$x=1$ 为垂直渐近线.
3. 略.

习题 3-4

1. (1) 1；(2) $-\frac{3}{5}$；(3) 2；(4) $\frac{1}{6}$；(5) $-\frac{1}{8}$.
2. (1) -1；(2) 0；(3) 0；(4) $\frac{1}{2}$；(5) e.

第 4 章　定积分与不定积分及其应用

习题 4-2

1. (1) $x^3\cos 3x$；　(2) $3x^2 e^{x^3}\cos 2x^3$；
   (3) $2x\sqrt{1+x^4}$；　(4) $\cos(2\sin x)\cos x$.
2. (1) $4\sqrt{3}-\frac{10}{3}\sqrt{2}$；　(2) $\frac{\pi}{2}$；
   (3) $1+\frac{\pi}{4}$；　(4) 0；
   (5) $\frac{4\sqrt{3}}{3}$；　(6) 2；
   (7) $2-\frac{2}{\sqrt{3}}$；　(8) $-\frac{1}{3}$.

3. 当 $t=2$ 时,$s=6$.

习题 4-3

1. (1) $5x+C$, $5x+C$; (2) x^3+C, x^3+C;

(3) $\sin x+C$, $\sin x+C$; (4) $\dfrac{\cos x}{x^2}$;

(5) $4e^{2x}$.

2. (1) $-\dfrac{1}{x^3}+C$; (2) $\dfrac{4}{9}x^{\frac{9}{2}}-x^5+C$;

(3) $\dfrac{1}{4}x^4-\dfrac{4}{3}x^3+2x^2+C$; (4) $\ln|x|-2x+x^3+C$;

(5) $\dfrac{1}{2}x^2-x+C$; (6) $\left(\dfrac{3}{5}\right)^x\dfrac{1}{\ln3-\ln5}-\left(\dfrac{2}{5}\right)^x\dfrac{1}{\ln2-\ln5}+C$;

(7) $-\dfrac{1}{x}-\arctan x+C$; (8) $\sin x+\cos x+C$.

3. (1) $-\dfrac{1}{16}(2x+7)^{-8}+C$; (2) $-\dfrac{2}{3}(1-x)^{\frac{3}{2}}+C$;

(3) $-\dfrac{1}{3}\ln(2-3x)+C$; (4) $\dfrac{3^{2x-5}}{2\ln3}+C$;

(5) $\dfrac{2}{3}\sqrt{(1-x)^3}-2\sqrt{1-x}+C$; (6) $\sqrt{2x+1}-\ln(\sqrt{2x-1}+1)+C$;

(7) $\dfrac{1}{2}\left(x^2\ln x-\dfrac{1}{2}x^2\right)+C$; (8) $x^2\sin x+2x\cos x-\sin x+C$;

(9) $(x^2-2x+2)e^x+C$; (10) $x\arctan x-\dfrac{1}{2}\ln(1+x^2)+C$.

习题 4-4

1. (1) $\dfrac{16}{3}$; (2) $\dfrac{\pi}{4}$; (3) 10; (4) $2\ln3$; (5) $\dfrac{4}{9}-\ln3$; (6) $\dfrac{80}{3}$; (7) $1-\dfrac{\pi}{2}$; (8) 10.

2. (1) $2(\sqrt{3}-1)$; (2) $\dfrac{2}{3}$; (3) $\dfrac{2}{3}$; (4) $\dfrac{2}{15}$; (5) $\dfrac{\pi}{6}$; (6) $\dfrac{8}{3}$; (7) $\ln\dfrac{e+1}{2}$; (8) $\dfrac{4}{3}$;

(9) $\dfrac{\pi}{2}-1$; (10) π; (11) $e-2$; (12) $\dfrac{e^2+1}{4}$; (13) $\dfrac{1}{2}(e^{\frac{\pi}{2}}+1)$; (14) $\pi-2$.

习题 4-5

1. (1) $\dfrac{14}{3}$; (2) 2; (3) $\dfrac{32}{3}$; (4) 1.

2. (1) πa^2; (2) $\dfrac{5\pi}{4}$; (3) a^2.

3. (1) $\dfrac{3\pi}{10}$; (2) $\dfrac{\pi^2}{2}$; (3) $\dfrac{112\pi}{3}$; (4) -8π.

4. 210N • cm.
5. $4\rho g\pi$.
6. $9\rho g$.
7. $27\rho g$.

习题 4-6(1)

1. 略.
2. 略.
3. (1) $\frac{1}{6}$；(2) -2；(3) $\frac{8}{15}$；(4) $\frac{27}{4}$；(5) $\frac{1}{12}$；(6) $\frac{15}{4}$；(7) $\frac{23}{6}$；(8) 27.
4. $\frac{1}{3}$.
5. (1) $\frac{15-16\ln 2}{2}$；(2) $\sqrt{2}-1$.

习题 4-6(2)

1. (1)0；(2) $\frac{\sqrt{2}-1}{6}(b^3-a^3)$；(3) $\pi(\mathrm{e}-1)$；(4) $\frac{2}{3}$；(5) $2\sqrt{3}$.
2. (1) $\frac{49}{72}$；(2) $\frac{\pi}{6}$；(3) $1-\ln 2$；(4) $\frac{9\pi}{2}-6$；(5) $\frac{1}{2}$.
3. $\frac{\pi^5}{40}$.
4. $\frac{1}{3}$.
5. $\left(\frac{a}{3}, \frac{a}{3}\right)$.
6. $I_x=\frac{ab^3}{3}$, $I_y=\frac{a^3b}{3}$.

第 5 章　线性代数初步

习题 5-1

1. (1) 143；(2) ab；(3) -11；(4) $[x^2-(y+z)^2]\cdot[x^2-(y-z)^2]$.
2. 略.
3. (1) $x=-\frac{12}{13}$；　(2) $x_1=0, x_2=-2, x_3=2$.
4. (1) $x=1, y=2, z=-2$；　(2) $x=y=z=0$；

   (3) $x_1=\frac{13}{4}, x_2=\frac{3}{4}, x_3=\frac{1}{4}, x_4=\frac{1}{4}$；

(4) $x_1=\frac{11}{4},x_2=\frac{7}{4},x_3=\frac{3}{4},x_4=-\frac{1}{4},x_5=-\frac{5}{4}$.

5. (1) $m_1=2,m_2=2+\sqrt{2},m_3=2-\sqrt{2}$;

(2) $m_1=0,m_2=-3+2\sqrt{21},m_3=-3-2\sqrt{21}$.

6. $f(x)=x^2-5x+3$.

习题 5-2

1. (1) $\begin{pmatrix}5&-7&2&7\\4&10&-17&-12\\-12&18&9&-13\end{pmatrix}$; (2) $\begin{pmatrix}-7&5&2&-5\\4&-6&19&36\\12&-14&-27&7\end{pmatrix}$;

(3) $\begin{pmatrix}-4&5&-1&-5\\-2&-7&13&12\\9&-13&-9&9\end{pmatrix}$.

2. (1) $\begin{pmatrix}3&2\\5&6\end{pmatrix}$; (2) $\begin{pmatrix}-1&0\\0&-1\end{pmatrix}$;

(3) $\begin{pmatrix}5&3\\2&7\end{pmatrix}$; (4) $\begin{pmatrix}-19&-2&-1\\10&12&2\end{pmatrix}$.

3. 略. 4. 略. 5. 略. 6. 略.

7. (1) $\frac{1}{3}\begin{pmatrix}2&-1\\-1&2\end{pmatrix}$; (2) $\frac{1}{3}\begin{pmatrix}6&-1&-4\\3&1&-2\\-3&0&3\end{pmatrix}$;

(3) $\begin{pmatrix}1&-4&-3\\1&-5&-3\\-1&6&4\end{pmatrix}$.

8. (1) $\begin{pmatrix}-11&7\\8&-5\end{pmatrix}$; (2) $\frac{1}{5}\begin{pmatrix}2&-1&-1\\-1&3&-2\\3&1&1\end{pmatrix}$;

(3) $\begin{pmatrix}-\frac{7}{3}&2&-1\\\frac{5}{3}&-3&-1\\-2&1&1\end{pmatrix}$; (4) $\begin{pmatrix}22&-6&-26&17\\-17&5&20&-13\\-1&0&2&-1\\4&-1&-5&3\end{pmatrix}$.

9. (1) $\begin{pmatrix}18&-32\\5&-8\end{pmatrix}$; (2) $\begin{pmatrix}1&2\\3&4\end{pmatrix}$;

(3) $\begin{pmatrix}1\\0\\1\end{pmatrix}$; (4) $\frac{1}{7}\begin{pmatrix}-1&4&-1\\-\frac{22}{5}&\frac{57}{5}&-\frac{2}{5}\end{pmatrix}$.

10. (1) $x_1=1,x_2=3,x_3=2$; (2) $x_1=37,x_2=-78,x_3=12$.

习题 5-3

1. (1) 3；(2) 2；(3) 3；(4) 3.

2. (1) $x_1=\frac{3}{2}$，$x_2=x_3=-1$；

(2) $x_1=1$，$x_2=2$，$x_3=3$，$x_4=4$.

3. (1) $k\neq 3$ 时无解，$k=3$ 时有无穷多组解；

(2) $k=-2$ 时无解，$k\neq -2$ 时有无穷多组解.

4. (1) $x_1=4$，$x_2=3$，$x_3=2$；

(2) 无解；

(3) $x_1=2$，$x_2=-1$，$x_3=1$，$x_4=3$.

5. (1) $m=7$ 或 $m=-2$.

$m=7$ 时，$x_1=2x_3-2x_2$（x_3，x_2 为自由未知量）；

$m=-2$ 时，$x_1=-\frac{1}{2}x_3$，$x_2=-x_3$（x_3 为自由未知量）；

(2) $m=0$，$x_1=-x_3$ $x_2=-x_3$（x_3 为自由未知量）.

第6章　微 分 方 程

习题 6-1

1. (2).

2. (1)，(3) 是方程的特解；(2) 是方程的通解.

3. (1) $y^2=2x+C$；　(2) $\frac{1}{y^2}+2(x^2+C)=0$；

(3) $y=ce^{-\frac{1}{x}}$；　(4) $e^x+e^{-y}+C=0$.

4. (1) $e^y=\frac{1}{2}(e^{2x}+1)$；　(2) $\frac{y}{1+y}=\frac{3x}{4(1+x)}$.

5. (1) $y=e^{-x}(x+C)$；　(2) $y=e^{-x^2}\left(\frac{1}{2}x^2+C\right)$；

(3) $y=(x+1)\left(\frac{x^2}{2}+C\right)$.

6. (1) $y=\cos x(\tan x+C)$；　(2) $y=\frac{1}{x}(\arctan x+C)$；

(3) $y=e^x(2xe^x-2e^x+3)$；　(4) $y=\frac{\sin x-x\cos x}{x^2}$；

(5) $y=\frac{3(x-1)}{x}$.

习题 6-2

1. (1) $y=\frac{1}{6}x^3+e^x+C_1x+C_2$; (2) $y=-x\cos x+\sin x-\frac{1}{2}e^{2x}+C_1x+C_2$;

(3) $y=-\ln|\cos(x+C_1)|+C_2$; (4) $y=C_1e^x-\frac{1}{2}x^2-x+C_2$;

(5) $y=C_1\ln|x|+C_2$; (6) $C_1y^2-1=(C_1x+C_2)^2$.

2. (1) $y=-\frac{1}{a}\ln(ax+1)$; (2) $y=\ln x+\frac{1}{2}\ln^2 x$.

3. $y=\frac{1}{6}x^3+\frac{1}{2}x+1$.

习题 6-3(1)

1. (1) C; (2) A.

2. (1) $y=e^{-2x}(C_1+C_2x)$; (2) $y=C_1e^{3x}+C_2e^{-4x}$;

(3) $y=e^{6x}(C_1+C_2x)$; (4) $y=C_1e^{-3x}+C_2e^{-4x}$;

(5) $y=e^{\frac{3}{2}x}\left(C_1\cos\frac{\sqrt{3}}{2}x+C_2\sin\frac{\sqrt{3}}{2}x\right)$; (6) $y=C_1\cos 2\sqrt{3}x+C_2\sin 2\sqrt{3}x$.

3. (1) $y=-e^{4x}+e^{-x}$; (2) $y=2\cos 5x+\sin 5x$.

习题 6-3(2)

1. (1) $y=C_1e^{\frac{x}{2}}+C_2e^{-x}+e^x$; (2) $y=C_1\cos ax+C_2\sin ax+\frac{e^x}{1+a^2}$;

(3) $y=C_1+C_2e^{-9x}+x\left(\frac{1}{18}x-\frac{37}{81}\right)$; (4) $y=C_1e^{2x}+C_2e^{3x}-x\left(\frac{1}{2}x+1\right)e^{2x}$;

(5) $y=e^{3x}\left(C_1+C_2x+\frac{5}{2}x^2+\frac{5}{6}x^3\right)$;

(6) $y=e^x(C_1\cos 2x+C_2\sin 2x)-\frac{1}{4}xe^x\cos 2x$;

(7) $y=C_1\cos 2x+C_2\sin 2x+\frac{1}{3}x\cos x+\frac{2}{9}\sin x$.

2. (1) $y=-3e^x+\frac{5}{2}e^{2x}+\frac{5}{2}$; (2) $y=-\cos x-\frac{1}{3}\sin x+\frac{1}{3}\sin 2x$;

(3) $y=e^x-e^{-x}+e^x(x^2-x)$.

3. 运动方程为 $x(t)=-\frac{1}{4}t\cos 4t+\frac{1}{2}\cos 4t+\frac{1}{16}\sin 4t$.

第 7 章 拉普拉斯变换

习题 7-1

1. (1) $\frac{1}{s}$; (2) $\frac{2}{s^3}$;

(3) $\frac{2}{4s^2+1}$; (4) $\frac{1-e^{-2(s-1)}}{s-1}+\frac{3e^{-2s}}{s}$;

(5) $\frac{2e^{-4s}}{s}-\frac{1}{s}$.

2. (1) $\frac{3}{s}+\frac{4}{s^3}$; (2) $\frac{15}{s^2+9}-\frac{17}{s+2}$;

(3) $\frac{1}{(s-4)^2}$; (4) $\frac{5}{(s+2)^2+25}$;

(5) $\frac{s}{s^2+\omega^2}$; (6) $\frac{1}{s}e^{-5s}$;

(7) $\frac{2}{s[s^2+2^2]}$.

3. (1) 先查表,得 $e^{-4x}\sin 3x$ 的拉氏变换,再用积分性质得$\frac{3}{s[(s+4)^2+3^2]}$;

(2) 先查表,得 $\cos 2t$ 的拉氏变换,再用平移性质得$\frac{s+1}{(s+1)^2+4}$.

4. $\frac{sr(0)+r'(0)+r(0)}{s^2+a_1s+a_0}$.

习题 7-2

1. (1) 1; (2) t; (3) $\frac{1}{\sqrt{\pi t}}$; (4) e^{8t}; (5) $\cos\sqrt{6}t$; (6) $\frac{5}{2}t\sin t$; (7) $\frac{1}{\sqrt{8}}e^t\sin\sqrt{8}t$;

(8) $e^{2t}\cos 3t+\frac{2}{3}e^{2t}\sin 3t$.

2. (1) $\frac{5}{3}e^{2t}-\frac{2}{3}e^{-t}$; (2) $\frac{1}{2}e^{-t}-\frac{1}{2}\cos t+\frac{1}{2}\sin t$;

(3) $\frac{1}{4}-\frac{1}{4}\cos 2t$;

(4) $-\frac{4}{65}\cos t+\frac{7}{65}\sin t+\frac{4}{65}e^{-2t}\cos 2t+\frac{1}{130}e^{-2t}\sin 2t$.

习题 7-3

1. (1) $y=\frac{1}{2}e^t\sin 2t$; (2) $y=te^{2t}$;

(3) $y=\frac{9}{7}(e^{8t}-e^{t})$；　　(4) $y=2e^{-2t}\sin t$.

2. $x(t)=\cos t$，$y(t)=-\cos t-\sin t$.

3. 系统的传递函数为 $G(s)=\frac{1}{s^{2}+8s+17}$，

脉冲响应函数为 $u_c(t)=L^{-1}[G(s)]=L^{-1}\left[\frac{1}{s^{2}+8s+17}\right]=L^{-1}\left[\frac{1}{(s+4)^{2}+1}\right]=e^{-4t}\sin t$，

频率响应 $G(i\omega)=\frac{1}{(i\omega)^{2}+8(i\omega)+17}=\frac{1}{-\omega^{2}+8i\omega+17}$.

第8章　无穷级数

习题 8-1

1. (1) 对；(2) 错；(3) 错；(4) 对.

2. (1) $\sum_{n=1}^{\infty}n!$；　　(2) $\sum_{n=0}^{\infty}(-1)^{n}\frac{1}{2n+1}$；

(3) $\sum_{n=1}^{\infty}\frac{1}{n\ln(n+1)}$；　　(4) $\sum_{n=1}^{\infty}\frac{n}{n+3}$.

3. (1) 发散；(2) 收敛，和为$\frac{1}{2}$；(3) 发散；(4) 发散.

4. (1) 收敛；(2) 收敛；(3) 发散；(4) 发散；(5) 发散；(6) 发散；(7) 发散；(8) 收敛.

5. (1) 绝对收敛；(2) 绝对收敛；(3) 条件收敛；(4) 绝对收敛；(5) 发散.

习题 8-2(1)

1. (1) $[-1,1]$；　　(2) $(-1,1]$；

(3) $(-\infty,+\infty)$；　　(4) $(-4,4)$；

(5) $x=0$；　　(6) $[1,3)$；

(7) $[-4,2)$；　　(8) $[-1,1]$.

2. (1) $\left(-\frac{1}{3},\frac{1}{3}\right)$，$S(x)=\frac{x(6x+5)}{(1-3x)(2+x)}$；　　(2) $[-4,4)$，$S(x)=\ln\frac{1}{4-x}$；

(3) $(-1,1)$，$S(x)=\frac{1}{4}\ln\left|\frac{1+x}{1-x}\right|+\frac{1}{2}\arctan x$；　　(4) $(-1,1)$，$S(x)=\frac{1}{(1-x)^{2}}$.

习题 8-2(2)

1. (1) $e^{2x}=\sum_{n=0}^{\infty}\frac{2^{n}x^{n}}{n!}(-\infty<x<+\infty)$；

(2) $\ln(a+x)=\ln a+\sum_{n=1}^{\infty}(-1)^{n-1}\frac{x^n}{na^n}+\cdots(-a<x\leqslant a)$；

(3) $\sin^2 x=\frac{1-\cos 2x}{2}=\frac{1}{2}-\frac{1}{2}\sum_{n=0}^{\infty}(-1)^n\frac{(2x)^{2n}}{(2n)!}(-\infty<x<+\infty)$；

(4) $f(x)=x+\sum_{n=2}^{\infty}\frac{(-1)^n x^n}{n(n-1)}$；

(5) $\frac{x^4}{2-x}=\sum_{n=0}^{\infty}\frac{x^{n+4}}{2^{n+1}}(-2<x<2)$；

(6) $\arctan x=\sum_{n=0}^{\infty}(-1)^n\frac{x^{2n+1}}{2n+1}(-1\leqslant x\leqslant 1)$.

2. $\frac{1}{2-x}=\sum_{n=0}^{\infty}(x-1)^n(0<x<2)$.

3. (1) $\frac{1+x}{(1-x)^2}=-\sum_{k=1}^{n}(2k-1)x^{k-1}(-1<x<1)$；

(2) $\ln x=\ln 2+\sum_{k=1}^{n}(-1)^{k-1}\frac{(x-2)^k}{k\cdot 2^k}(0<x\leqslant 4)$.

4. 0.31.

5. 1.15.

*习题 8-3

1. (1) 傅立叶级数收敛于 $f(x_0)$；

(2) $0,0,1,\frac{(-1)^{n+1}}{n},n=1,2,3,\cdots$；

(3) $t=\frac{\pi}{l}x$；

(4) $a_0=\frac{1}{l}\int_{-l}^{l}f(x)\mathrm{d}x, a_n=\frac{1}{l}\int_{-l}^{l}f(x)\cos\frac{n\pi x}{l}\mathrm{d}x(n=1,2,\cdots)$,

$b_n=\frac{1}{l}\int_{-l}^{l}f(x)\sin\frac{n\pi x}{l}\mathrm{d}x(n=1,2,3,\cdots)$.

2. (1) $\frac{\pi^2}{3}+4\sum_{n=1}^{\infty}(-1)^n\frac{\cos nx}{n^2},x\in(-\infty,+\infty)$；

(2) $\frac{18\sqrt{3}}{\pi}\sum_{n=1}^{\infty}(-1)^{n-1}\frac{n}{9n^2-1}\sin nx,x\neq(2k+1)\pi,k=0,\pm1,\pm2,\cdots$；

(3) $2\sum_{n=1}^{\infty}(-1)^{n-1}\frac{\sin nx}{n}$；(4) $\frac{\pi}{2}+\frac{4}{\pi}\sum_{n=1}^{\infty}\frac{\cos(2n-1)x}{(2n-1)^2}$.

3. (1) $\frac{1}{2}+\frac{1}{\pi}\sum_{n=1}^{\infty}\frac{(-1)^{n+1}\cdot 3+1}{n}\sin n\pi x$；

(2) $1+\frac{4}{\pi}\sum_{n=1}^{\infty}\frac{1}{2n-1}\sin\frac{(2n-1)\pi x}{l}$.

4. $\frac{8}{\pi^2}\sum_{n=1}^{\infty}\frac{1}{n^2}\sin\frac{n\pi}{2}\sin\frac{n\pi}{2}x,\frac{1}{2}+\frac{4}{\pi^2}\sum_{n=1}^{\infty}\left\{\frac{2}{n^2}\cos\frac{n\pi}{2}-\frac{1}{n^2}[1+(-1)^n]\right\}\cos\frac{n\pi}{2}x$.

图书在版编目(CIP)数据

实用数学练习册(工程类)/张圣勤等编. —上海:复旦大学出版社,2015.8（2020.8 重印）
ISBN 978-7-309-10769-2

Ⅰ. 实…　Ⅱ. 张…　Ⅲ. 高等数学-高等职业教育-习题集　Ⅳ. 013-44

中国版本图书馆 CIP 数据核字(2014)第 132309 号

实用数学练习册(工程类)
张圣勤　等编
责任编辑/梁　玲

复旦大学出版社有限公司出版发行
上海市国权路 579 号　邮编: 200433
网址: fupnet@fudanpress.com　http://www.fudanpress.com
门市零售: 86-21-65102580　团体订购: 86-21-65104505
外埠邮购: 86-21-65642846　出版部电话: 86-21-65642845
上海春秋印刷厂

开本 787×1092　1/16　印张 6.5　字数 150 千
2020 年 8 月第 1 版第 2 次印刷

ISBN 978-7-309-10769-2/O · 538
定价: 25.00 元
